REISEN MIT WEIN

Mit Chandra Kurt

Impressum

Alle Angaben in diesem Buch wurden von der Autorin nach bestem Wissen und Gewissen erstellt und von ihr und dem Verlag mit Sorgfalt geprüft. Inhaltliche Fehler sind dennoch nicht auszuschliessen. Daher erfolgen alle Angaben ohne Gewähr. Weder Autorin noch Verlag übernehmen Verantwortung für etwaige Unstimmigkeiten.

Fragen und Kommentare können per E-Mail direkt an die Autorin gerichtet werden: office@chandrakurt.com

Idee und Inhalt: Chandra Kurt, www.chandrakurt.com
Lektorat: Alain Diezig, Werd & Weber Verlag AG
Korrektorat: Heinz Zürcher, Steffisburg
Gestaltung & Satz: Headline, www.head-line.it,
Leonardo Maraner

ISBN 978-3-03922-055-7

Der Verlag Werd & Weber wird vom Bundesamt für Kultur mit einem Strukturbeitrag für die Jahre 2021–2024 unterstützt.

www.weberverlag.ch
www.chandrakurt.com

myclimate neutral
Drucksache
No. 01-12-409142 – www.myclimate.org
© myclimate – The Climate Protection Partnership

REISEN MIT WEIN

Mit Chandra Kurt

WERDVERLAG.CH

Chandra Kurt

INHALT

WILLKOMMEN

Was passiert, wenn Sie eine Flasche Wein entkorken? Wie fühlt sich dieser Moment an? Für mich ist es jedesmal ein emotionaler Moment, der mit Erinnerungen, Vorfreude, Genuss und Überraschungen liiert ist. Wein ist ein Botschafter seiner Herkunft und wird weltweit und seit Jahrhunderten kultiviert. Jeder Wein hat einen eigenen Charakter, der unsere Sinne und unsere Vorstellungskraft unterschiedlich stimuliert und uns in Gedanken an seinen Ursprungsort reisen lässt oder an den speziellen Moment, an dem wir genau diesen Wein meist in guter Gesellschaft entdeckt haben.

Seit der Lancierung des «Weinseller Journal» Ende 2015 haben wir Winzer und Weingüter in zahlreichen Weinregionen der Welt besucht – und in grosszügig bebilderten Reportagen über sie und ihre Weinkultur berichtet. Ich war dabei immer mit einer Gruppe von Weinliebhabern, Winzern oder Experten vor Ort, die alle dieselbe Weinpassion wie ich empfinden. Begleitet wurden wir auch von engagierten Fotografen, die mit ihren Bildern die Signatur der verschiedenen Terroirs festgehalten haben.

Ich lade Sie mit diesem Buch ein, 21 Reisen in acht Länder zu unternehmen und die Kultur des Ortes und des lokalen Weins zu entdecken – in der Hoffnung, dass Sie selber ein Weingebiet aufsuchen, oder zumindest den einen oder anderen Wein entdecken.

Chandra Kurt

BRANCAIA – EINE SCHWEIZERIN IN DER TOSKANA

Das Weingut Brancaia verkörpert eine dynamische Weinbaugeneration aus der Toskana mit jungen Wurzeln. Seit 1981 ist es in Schweizer Besitz und wird heute erfolgreich von Barbara Widmer geführt. Zusammen mit ihrem Team vinifiziert sie eine kleine Palette an feinen, terroirtypischen Weinen mit auffallend modern gestylten Etiketten.

Zu den bekanntesten Weinbauregionen Italiens gehört das Chianti Classico, das zwischen Florenz und Siena liegt. Die malerischen Landschaften sind stark von Rebbergen und historischen Bauten geprägt, wobei die Sangiovese-Traube die Signaturrebe der Region ist.

Es gibt Zürcher Winzer, die ihre Weine in Zürich vinifizieren. Das sind die meisten. Dann findet man hin und wieder Ausnahmen, die das heimische Terroir verlassen, um in der Ferne den edlen Rebsaft zu kultivieren. Barbara Widmer ist eine davon. Ihr neues Zuhause ist die Toskana, wo sie zusammen mit ihrer Familie lebt und eine kleine, aber feine Weinpalette vinifiziert, die unter dem Weingutsnamen Brancaia abgefüllt wird. Ich kenne Barbara seit vielen Jahren und bewundere ihr Talent und ihren Mut. Denn sie vinifiziert Wein in einer Region, die zu den bekanntesten Weinregionen der Welt zählt, und entsprechend gross ist die Konkurrenz und auch die Diskrepanz zwischen über Generationen gelebter Weintradition und Neubeginn.

Wahrscheinlich ist es aber auch gerade dieser Start-Up-Schwung, den man in den Brancaia-Weinen spürt.

Wahrscheinlich ist es aber auch gerade dieser Start-Up-Schwung, den man in den Brancaia-Weinen spürt. Denn Barbara Widmer hat – in meinen Augen – einen grossen Vorteil. Sie ist weniger vorbelastet als manch anderes Weinhaus dieser historisch wichtigen Weinbauregion. Es ist das Terroir der Antinoris, der Frescobaldis, der Ricasolis, um nur einige zu nennen. Adelsfamilien, die seit Jahrhunderten die Geschichte der Region mitprägen. Schon der Vater von Leonardo da Vinci schwärmte über ein Glas Rotwein von Frescobaldi. Das war 1480. Die Marchesi de Frescobaldi gehören tatsächlich zu den ältesten Adelsfamilien, die auch heute noch im Weinbau tätig sind. Alles begann jedoch mit dem Bankenwesen, das die Frescobaldis um 1000 n. Christus erfolgreich in Florenz betrieben. Der Weinbau kam Anfang 1300 dazu, und zwar im toskanischen Weingut Tenuta di Castiglioni

Auf Brancaia wird das Auge von Zypressen, Reben und hügeliger Landschaft verwöhnt. Klar, dass hier ein Glas Chanti Classico unvergesslich schmeckt.

Eine Abendstimmung, die einem Gemälde gleicht. Die Toskana zählt zu den schönsten Weinregionen Italiens.

im Val di Pesa. Ähnlich lang sind die Antinoris im Geschäft. Die Familie beschäftigt sich seit über 600 Jahren mit der Produktion von Weinen, seitdem Giovanni di Piero Antinori im Jahre 1385 den Arte Fiorentina dei Vinattieri, den Florentiner Weinherstellern, beitrat. Die Familie hat über 26 Generationen hinweg immer selbst das Geschäft vorangetrieben, und tut dies auch heute noch.

Die Geschichte von Brancaia beginnt erst 1981. Damals verliebten sich Barbaras Eltern, Bruno und Brigitte Widmer, in das verlassene Weingut Brancaia in Castellina in Chianti und erwarben es. Bereits zwei Jahre später gewann ihr Wein den ersten Platz an einer wichtigen Chianti-Classico-Verkostung, was die Erfolgsgeschichte des Weingutes so richtig ins Rollen brachte. Zwei weitere Weingüter kamen dazu – 1989 Poppi in Radda in Chianti und 1998 das Brancaia-Gut in der wärmeren Region Maremma, Heimat der Topweine Ornellaia, Masseto und Sassicaia.

Nach dem in der Schweiz absolvierten Önologiestudium übernahm Barbara kurz vor der Millenniumswende die Leitung der Weingüter und ist heute für die Weinproduktion und die Rebberge verantwortlich. Die zweifache Mutter liebt ihren Beruf, auch wenn sie weiss, dass sie nie ausgelernt haben wird. «Theoretisch kann man alles wissen. Dennoch wird die Natur ihre Launen und ihre Nuancen im Wein zur Geltung bringen.

Das ist unglaublich faszinierend. Natürlich versuchen wir jedes Jahr, den bestmöglichen Wein zu produzieren, dennoch ist jeder Jahrgang anders, wenn auch nur gering, vom Geschmack der Weine her sowie vom Ablauf der ganzen Produktion», erklärt mir Barbara. Besonders gefallen hat mir auch ihre Aussage: «Wenn wir die Trauben ernten, akzeptieren wir ihre Realität. Denn im Keller bei der Vinifikation kann man nur an Qualität verlieren und nicht dazugewinnen.» Grossartig–und wie recht sie hat. Denn einen wirklich grossen und hochwertigen Wein kann man tatsächlich nur aus den besten Trauben vinifizieren–und diese sind das Resultat eines gesunden und optimal gepflegten Rebberges.

«Wenn wir die Trauben ernten, akzeptieren wir ihre Realität. Denn im Keller bei der Vinifikation kann man nur an Qualität verlieren und nicht dazugewinnen.»

Castellina in Chianti liegt zwischen Florenz und Siena und ist ein historisch wichtiger Ort, der schon zu Zeiten der Etrusker bestand.

Die Weinpalette von Brancaia ist sehr übersichtlich und vereint zwei Weinphilosophien. Sie setzt sich aus sechs Rotweinen, einem Weisswein, einem Rosé und einem Schaumwein zusammen, die alle das markante und gestylte Brancaia-Label tragen. Der Chianti Classico DOC und der Chianti Classico Riserva DOCG sind Pfeiler der traditionellen Weinkultur der Toskana, die anderen Rotweine Kinder der modernen Weinentwicklung. Das macht das Brancaia-Angebot auch so spannend. Denn sowohl der Traditionalist wie auch der Modernist werden ihren Wein finden. Die Toskana zählt global gesehen zur «alten Weinwelt». Dieser Begriff wurde wichtig, als die Weine der «neuen Weinwelt», also aus Übersee, plötzlich populär geworden sind.

Fundamentaler Unterschied dieser beiden Herkunftsregionen waren die Weinbaugesetze. Die Alte Welt wird von Weingesetzen dominiert. Jede Weinregion oder jedes Weinland kennt dabei andere Weingesetze. Sie bestimmen die Regulierungen für die jeweilige Weinproduktion. Weingesetze können die Selektion der erlaubten Traubensorten, die Vinifikations- und Reifeprozesse oder beispielsweise auch die Qualität der Weine tangieren. Es gibt Regionen, die mehr von Weingesetzen beeinflusst sind als andere. Weingesetze ändern sich auch immer wieder – wenn auch eher langsam.

Wir haben alle ihre Weine verkostet – in der Kellerei und im bunten Barrique-Keller, den man bei einem Brancaia-Besuch unbedingt sehen sollte.

Ein Auslöser kann beispielsweise die globale Erwärmung sein, die das Terroir plötzlich für bisher vorgeschriebene Traubensorten ungünstig werden lässt. Vorteil dieser Gesetze ist, dass alle Winzer nach denselben Voraussetzungen Weine vinifizieren müssen – wie zum Beispiel für einen Chianti Classico. In der Neuen Welt sind die Winzer «freier», das heisst, sie können anpflanzen, was sie wollen, und es auch im Keller ausbauen, wie sie wollen, mit dem Resultat, dass jeder Winzer den Wein produziert, den er im Moment als besten empfindet. Das setzt Barbara Widmer mit einigen ihrer Rotweinen um, die dann neben dem Weinnamen auch das Kürzel IGT verwenden (Indicazione geografica tipica, früher vini da tavola).

Wir haben alle ihre Weine verkostet – in der Kellerei und im bunten Barrique-Keller, den man bei einem Brancaia-Besuch unbedingt sehen sollte. Denn seine Farbkomposition könnte einem «Austin Powers»-Flower-

Zusammen mit Barbara Widmer haben wir die Region besucht und schnell verstanden, warum es ihr hier so gefällt.

Der Legende nach verdankt der schwarze Hahn seine Entstehung der grossen Rivalität zwischen den beiden Stadtstaaten Florenz und Siena.

Power-Film entstammen. Die zahlreichen Eichenfässer ruhen umgeben von violetten und roten Wänden.

«Ich habe diese Farben gewählt», erklärt mir Barbara stolz und betont weiter: «Die ganze Familie hat beim Streichen des Weinkellers geholfen. Auch die Mitarbeiter. Inzwischen haben zahlreiche von ihnen auch zu Hause eine rote oder eine violette Wand und jedes Mal, wenn sie in den Keller kommen, fühlen sie sich wie zu Hause. Johann Wolfgang Goethe hat mich übrigens inspiriert, rot zu wählen.» In seiner Farbenlehre schreibt der König der Deutschen Dichtung dazu: «Die Wirkung dieser Farbe ist so einzig wie ihre Natur. Sie gibt einen Eindruck sowohl von Ernst und Würde als von Huld und Anmut. Jenes leistet sie in ihrem dunklen verdichteten, dieses in ihrem hellen verdünnten Zustande. Und so kann sich die Würde des Alters und die Liebenswürdigkeit der Jugend in eine Farbe kleiden.»

Ich geniesse es immer wieder, Weine auch direkt aus dem Tank zu verkosten, also bevor sie in die Flaschen abgefüllt werden. So etwa im modernen Keller von Brancaia.

Als wir abends Bistecca Fiorentina und Brancaia-Weine genossen, kam uns die Geschichte des schwarzen Hahns in den Sinn – des Gallo Nero, der auf dem Logo der Chianti-Classico-Weine abgebildet ist.

Auf der Reise mit dabei war auch der Schweizer Top-Winzer Tom Litwan. Ich reise gerne mit Weinfreunden, zumal die Diskussionen immer sehr spannend sind und wir auch allerhand Weine zusammen verkosten (siehe oben rechts).

Der Legende nach verdankt der schwarze Hahn seine Entstehung der grossen Rivalität zwischen den beiden Stadtstaaten Florenz und Siena. Um den endlosen territorialen Konflikt aus der Welt zu schaffen, entschieden die beiden Städte im 13. Jahrhundert, zwei edle Ritter beim ersten Hahnenschrei aufbrechen und auf die gegnerische Stadt zureiten zu lassen.

Der Treffpunkt sollte die neue Grenze markieren. Die Sieneser verwöhnten ihren weissen Hahn, sodass dieser fett und faul wurde. Im Gegensatz dazu wählten die Florentiner einen schwarzen Hahn, den sie so kurz hielten, dass er am entscheidenden Morgen lange vor Sonnenaufgang hungrig krähte. So konnte sich der Reiter aus Florenz sehr früh auf den Weg machen und es gelang ihm, bis kurz vor die Tore Sienas zu kommen. Wie dem auch sei – wir wussten alle, als wir nach dem Essen durch die dunkle Nacht von Poppi nach Brancaia spazierten, umgeben von Hunderten von Leuchtkäfern, warum Barbara ihr neues Zuhause liebte und dass es mehr als einen Hahn brauchen würde, um uns frühmorgens zu wecken.

Fotos Philipp Rohner

Der Barriquekeller von Brancaia wurde von der Familie und den Mitarbeitern gestrichen und ist optisch eine Signatur.

DIRK NIEPOORT – DER BRILLANTE INNOVATOR

Dirk Niepoort ist nicht nur Portugals berühmtester Winzer – er ist ein globales Phänomen. Seine kreative Energie beflügelt die Weinwelt wie der geheimnisvolle Zaubertrank des Druiden Miraculix in den Asterix-Erzählungen. Jedes Mal, wenn ich Dirk besuche, komme ich auf jeden Fall voller Ideen nach Hause.

Dirk Niepoort wurde 1964 geboren und verkörpert zweifelsohne eines der innovativsten und erfolgreichsten Beispiele der neuen Winzergeneration in Portugal. Er denkt global und vermählt gekonnt internationales Know-how mit traditionellem Erbgut. Trotzdem: Wenn man über das Haus Niepoort spricht, denkt man zuallererst an Portwein. Ein Getränk, das hier seit fünf Generationen erzeugt wird. Das 1842 von Eduard Kebe gegründete Haus ist zwar «nur» das zweitkleinste Portweinhaus Portugals, dafür aber eines der feinsten.

Der Name Niepoort stammt nicht vom Port(wein) ab. Er ist allerdings zum Markenzeichen einer dynamischen Weinfamilie Portugals geworden, die wie keine andere mit ihrem traditionellen und modernen Weinschaffen zur Elite des 21. Jahrhunderts gehört. Während die Familie Niepoort früher nur für Portwein bekannt war, produzieren sie inzwischen eine breite Palette an Rot-, Weiss- und sogar Roséweinen. Wichtig zu wissen ist, dass Portwein in die Gattung der «aufgespritteten Weine» gehört, während die anderen Stillweine sind und beide Weinarten ganz unterschiedliche Produkte sind. Federführend im Betrieb ist heute Dirk Niepoort, den ich seit vielen Jahren kenne und schätze. Er verkörpert die 5. Generation der Niepoorts und ist wahrscheinlich der Kreativste, den diese Familie bis jetzt erlebt hat.
In seiner Person vereinen sich Tradition, Innovation und viel Vision. Interessant ist, dass er seine Liebe zum Wein während eines Studiums und Praktikums bei Mövenpick in der Schweiz entdeckte – überhaupt pflegt er einen engen Bezug zur Schweiz, da seine zwei Söhne Daniel und Marco hier geboren sind.

Nichtsdestotrotz ist Portugal seine Heimat, genauer gesagt sind es die Stadt Porto und das Douro-Tal. Das Tal ist eines der ältesten gesetzlich festgelegten Weinbaugebiete der Welt und vor allem für eines bekannt: den Portwein.

In Dirks Person vereinen sich Tradition, Innovation und viel Vision.

Er wurde hier erfunden und ist und bleibt der wichtigste und berühmteste Wein der Region, die 2001 zum UNESCO-Weltkulturerbe ernannt wurde. Das Weinbaugebiet mit seinen einmaligen und oftmals sehr steilen Schieferböden beginnt rund 80 Kilometer östlich der Stadt Porto und folgt

Dirk Niepoort hat die Weinszene Portugals revolutioniert und zahlreiche Winzer dazu motiviert, ihren Weintraum zu leben.

Es gab noch keinen «Fabelhaft», noch keinen «Redoma», überhaupt waren Stillweine aus dem Douro-Tal nicht bekannt.

dem Flusstal bis zur spanischen Grenze. Der Fluss Douro (Spanisch Duero) ist etwa 897 Kilometer lang und hat seine Quelle im Norden Spaniens. Trauben sind die wichtigsten Anbaupflanzen des Douro-Tals und die Douro-Mündung in Porto ist das Zentrum des portugiesischen Weinhandels. Vis-à-vis von Porto, am südlichen Flussufer, in Vila Nova de Gaia, befindet sich ein einmaliges Kulturgut: die teils uralten, langgestreckten Lagerhäuser der grossen Portweinhäuser wie Taylor's, Sandeman, Fonseca, Graham's, Cálem oder Niepoort. Sie haben mehrere Stockwerke, die tief in den Berg gebaut sind und hier reifen die Portweine je nach Typ jahrzehntelang. Ein Besuch eines solchen Lagerhauses ist ein Muss, wie auch ein Nachtessen in meinem Lieblingsrestaurant «O Gaveto», das traditionelle Küchenklassiker der Region serviert. Als ich Dirk Niepoort das erste Mal in Portugal, genauer gesagt im Douro-Tal, besuchte, verkosteten wir primär Portweine zusammen. Es gab noch keinen «Fabelhaft», noch keinen «Redoma», überhaupt waren Stillweine aus dem Douro-Tal nicht bekannt – ausser vielleicht der «Mateus Rosé» aus der Bocksbeutelflasche. Das sollte sich ändern, natürlich nicht nur wegen Dirk, aber er war massgeblich an einer unglaublichen Evolution beteiligt, der wir unzählige neue Weine zu verdanken haben – kräftige, komplexe Rot- und Weissweine aus dem Douro-Tal.

In dieser Zeit hörten zahlreiche Winzer der Region damit auf, all ihre Trauben den grossen Portweinhäusern zu verkaufen, und begannen, aus einem Teil davon ihren eigenen, neuen Wein zu vinifizieren. Inzwischen gibt es so viele neue Stillweine, dass man ganze Vinotheken damit füllen kann.

Interessant daran ist, dass Portugal eines der wenigen Erzeugerländer ist, die sich nicht von den Modesorten Merlot, Cabernet Sauvignon oder Chardonnay haben infizieren lassen. Die lokalen Rebberge sind voll von autochthonen Sorten, die es nur im Land selber gibt. Sie heissen Tinta Cao, Touriga Francesca, Tinta Roriz und Touriga Nacional und präsentieren sich in der Aromatik anders als sämtliche Trendweine von heute. Sie sind charakterstark, erdig und alles andere als geschliffen. Es sind langlebige Weine, die erobert und erkannt werden müssen.

Niepoorts Kreativität ist auch im Weinkeller im Douro-Tal zu erleben - diese zwei Stühle laden zum Verweilen ein, während nebenan der Wein vor sich hin gärt.

Es sind aber auch Weine, die nicht langweilig oder kopiert wirken. Persönlich haben mir solche Weine immer sehr gut gefallen, denn man kann sie nicht mit anderen vergleichen und ihre aromatische Individualität ist für den Gaumen höchst spannend.

Mit dem Boom der neuen Tischweine aus dem Douro-Tal wurde auch die dynamische Winzer-Gruppierung «Douro Boys» gegründet (Dirk ist der Übervater der Boys). Sie treten weltweit zusammen auf und präsentieren ihre Weine gemeinsam. Und hier liegt vielleicht der Kern von Dirks Schaffen – denn Dirk ist wohl mit seinen visionären Ideen oftmals alleine, aber er hat sie immer mit anderen geteilt oder andere mit ins Boot genommen.

Vordere Doppelseite: Das UNESCO-geschützte Douro-Tal ist die Heimat der bekannten Portweine. Auf dem Fluss Douro kann man per Boot von Porto aus anreisen.

Links: In diesem alten Turm wohnten früher Tauben. Er steht mitten in den Rebbergen von Bairrada. Hier baut Dirk Niepoort die Quinta de Baixo auf und zelebriert seine Passion für die Baga-Traube, die auf Kalkböden wächst.

Dirk ist wohl mit seinen visionären Ideen oftmals alleine, aber er hat sie immer mit anderen geteilt oder andere mit ins Boot genommen.

Seit ich ihn kenne, bringt er Menschen zusammen. Aus allen Erdteilen und mit allen Interessen. Es wird zusammen gekocht, verkostet, diskutiert, ausgetauscht – bis in die frühen Morgenstunden. Er steckt sie gerne mit seinen Ideen an; daraus sind schon die verrücktesten Weinprojekte entwickelt worden. Spontan, aus dem Gefühl heraus, das aus einem Nährboden geselligen Zusammenseins entstanden ist. Dirk hört gerne zu, er erzählt aber noch lieber und teilt seine Gedanken mit.

Unter den Labels «Niepoort Projectos» sind zahlreiche Experimentalweine entstanden, bei denen Dirk in Zusammenarbeit mit anderen Winzern neue Wege in der Kreation eines Weines geht. Die Weine sind Resultate von Dirks Suche nach dem Höheren oder, anders ausgedrückt, er erweitert mit ihnen den Horizont des bereits Bestehenden. Er zeigt auf, was möglich wäre, wenn man Bekanntes und Vertrautes für einmal hinter sich lässt und einen oder zwei Schritte weitergeht. Auf die Frage, wie man einen neuen Wein kreiert, erklärte mir Dirk: «Das ist eine Mischung aus langfristigem Planen, Denken, Träumen und spontanem Handeln.

Links: Porto am Abend - vor der Reise ins Douro-Tal sollte man einen Abend in der Stadt verbringen. Unten: Reifen im Fass - eine Wissenschaft für sich, zumal jeder Portwein unterschiedlich viel Zeit darin verbringt.

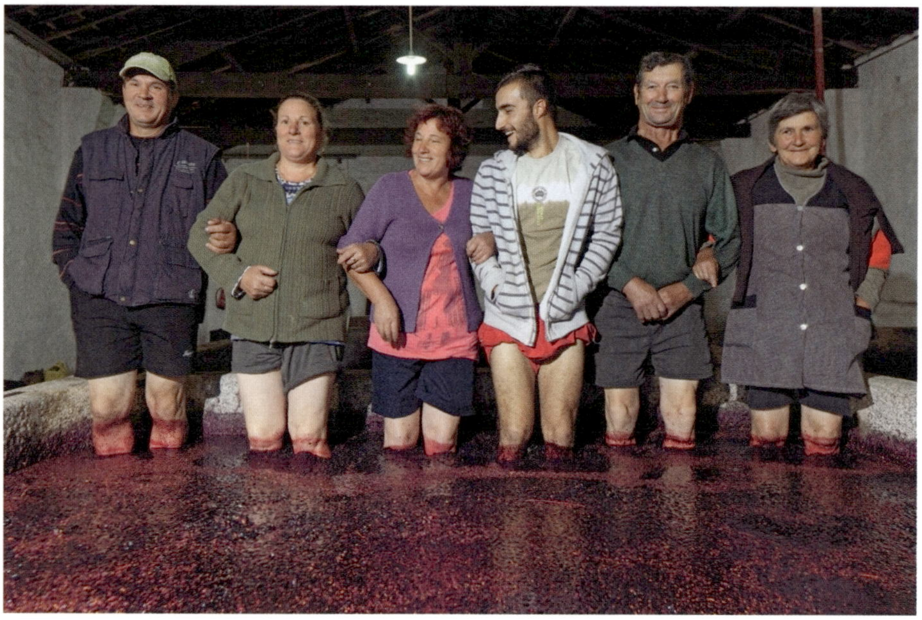

Ich bin überzeugt davon, dass Menschen, die viel träumen, auch sehr spontan sein können. Die Entstehung eines neuen Weines hat auch mit der Verbindung von Stimmungen, Erfahrungen, Gelegenheiten und Momenten zu tun. Wenn man seinen ersten Wein kreiert, hat es auch mit Kopieren zu tun. Man denkt an die Weine, die man kennt und gerne hat. Vorbilder sind dann die Basis. In meinem Fall denke ich immer an das Terroir, also an den Boden und was er uns via Wein sagen könnte.»

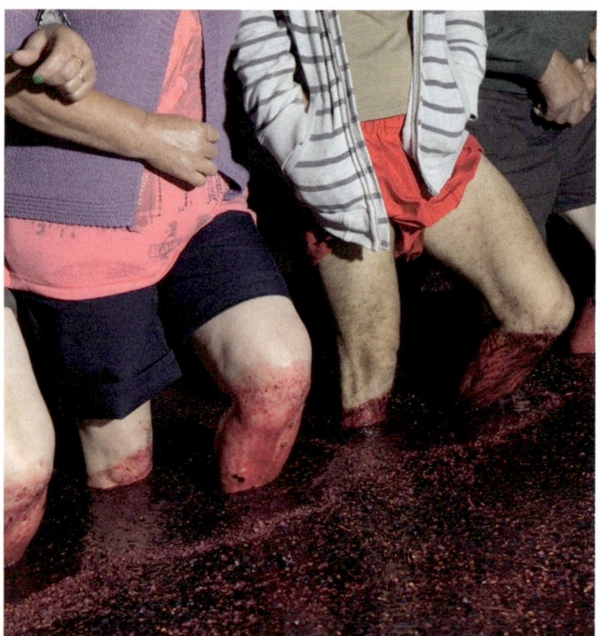

Portwein hat eine lange Verbindung zu England. Denn als 1689 der zweite «Hundertjährige Krieg» zwischen Frankreich und England ausbrach, war es den Engländern streng verboten, französischen Wein zu trinken. In dieser Zeit wurde der Portwein geboren. Englische Kaufleute entdeckten den Portwein, der nichts anderes war als ein Wein, dem während der Gärung hochprozentiger Branntwein beigefügt wurde. Dies stoppte nicht nur die Gärung, sondern machte den Wein stabiler und somit einfacher für den Transport nach England. Auch war der Geschmack dieser aufgespritteten, leicht süsslichen Weine besser als der oftmals saure, normale Wein aus Bordeaux. Der Verkauf des Portweins nach England florierte und auch heute noch hat der Portwein einen höheren Stellenwert in England als zum Beispiel bei uns. Doch aufgepasst – Port ist nicht gleich Port, und das ist auch gleich sein Handicap. Über 80 Rebsorten sind im Douro-Tal zu finden, rund die Hälfte ist für die Portweinproduktion zugelassen.

60 Prozent aller Portweine werden immer noch mit den Füssen gestampft. Meist läuft im Hintergrund noch etwas Musik – in diesem Fall war es «Dancing Queen» von ABBA.

Niepoort
PORTO
PORTO
PORTO

Die wichtigsten sind allerdings – wie auch bei den Rotweinen – Tinta Roriz, Touriga Nacional, Tinta Barroca oder Touriga Francesca. Zwar werden praktisch alle Portweine in der typischen Portweinflasche abgefüllt, ihr Inhalt variiert allerdings je nachdem, welcher Portweintyp produziert worden ist.

Man unterscheidet grundsätzlich zwischen fassgereiften und flaschengereiften Portweinen, auch wenn die Basis aller Ports erst einmal im Fass schlummerte.

Im Keller von Niepoort in Vila Nova da Gaia ruhen unzählige Portweine, die bis ins 18. Jahrhundert zurückreichen. Wir verkosteten nicht nur alte Portweine, sondern auch zahlreiche andere Klassiker. Interessant daran ist für mich immer wieder, dass dies Weine sind, die Fragen stellen und einen dazu anregen, noch tiefer in die Weinwelt einzutauchen.

Das Labor in der Portweinkellerei in Vila Nova de Gaia gleicht einem Weinmuseum.

Wahrscheinlich habe ich mit Dirk mehr ausländische Weine getrunken als Portwein und Weine aus Portugal – also seine Weine.

Daher bringe ich ihm bei jedem Besuch meine neuen Favoriten mit – meist werden sie am Abend selber entkorkt und diskutiert, während er am Kochen ist. Er selber ist ein grosser Liebhaber von Riesling, grossen Burgundern, alten Weinen und Weinen mit Finesse und Frische. Nicht perfekte Weine, sondern solche mit Charakter und Charisma.

N° 5

Dirk Niepoort verkörpert die fünfte Generation der Niepoorts. Er ist 1964 geboren und ist inzwischen für viele Winzer aus allen Erdteilen zum Vorbild geworden.
Links: Zur Reifung lagern die Portweine in jahrhundertealten Weinkellern in amerikanischen Eichenholzfässern mit einem Fassungsvermögen von rund 550 Litern, den sogenannten «Port Pipes».

Mit auf der Reise zu Dirk war auch meine liebe Kollegin und Weinexpertin Christina Fischer.

Es ist selten, dass eine Weinregion mit solch historischen Wurzeln eine derartige Neuentwicklung zustande bringt, und dies ist schlicht und einfach fabelhaft.

Dazu Dirk: «Wein ist mein Leben. Um den Wein herum gibt es viele tolle Menschen. Wo Reben wachsen, ist zudem die Natur meistens wunderschön. Wein hat auch eine unglaublich kommunikative Stärke und er bringt Menschen zusammen. Vom Wein habe ich auch gelernt, was zeitliche Dimensionen sind. Denn es gibt Weine, die schmecken noch nach Jahrzehnten so jugendlich. Leider werden heute immer weniger davon produziert. Der moderne Wein scheint nicht mehr zu altern, das ist absurd.»

Ein Wein, der nicht altern muss, sondern für den unkomplizierten Genuss entwickelt wurde, ist der «Fabelhaft». Eine einmalige Erfolgsgeschichte. «Der Fabelhaft ist eine geglückte Mischung von kleinen Details. 2002 wollte ich einen Wein produzieren, der nicht der beste der Welt ist, nicht dunkel in der Farbe, nicht süss und nicht alkoholisch. Ich fragte damals meine Eltern und ihre Freunde, wieso sie gewisse Weine mögen und andere nicht. Interessanterweise bekam ich nie eine wirkliche Antwort. Ich habe meinen Vater dann so lange geplagt, bis er mir endlich sagte: ‹Ein Wein ist gut, je mehr man davon trinkt. Und je mehr man trinkt, umso besser schmeckt er.› So einfach das klingt, so wichtig ist diese Aussage für mich, denn sie bedeutet genau das Gegenteil des heutigen Weintrends der modernen Weine. Moderne Weine beeindrucken im ersten Moment durch ihre dunkle Farbe, durch ihren schweren Gehalt und ihre sehr süsse Aromatik. Leider trinkt man nicht viel davon, da ein solcher Wein viel zu sättigend ist. Mit dem Fabelhaft habe ich das pure Gegenteil gemacht. Es entstand ein süffiger Wein, den man sehr gerne trinkt.»

Das Douro-Tal hat heute zwei Identitäten – die des wirtschaftlich wichtigen Portweins und die der neuen Weingeneration, die mit Portwein aufgewachsen ist, die aber auch gerne Stillweine geniesst und inzwischen auch produziert. Es ist selten, dass eine Weinregion mit solch historischen Wurzeln eine derartige Neuentwicklung zustande bringt und dies ist schlicht und einfach fabelhaft.

Fotos Philipp Rohner

DOMÄNE WACHAU – HANDWERK IM KOLLEKTIV

Die Wachau liegt an der Donau und zählt wegen ihrer einmalig schönen Kultur- und Naturlandschaft zum UNESCO-Weltkulturerbe. Sie ist auch Terroir für Österreichs hochwertigste Interpretation des Grünen Veltliners. Am meisten Reben verarbeitet die Domäne Wachau in Dürnstein.

Vielgestaltige Gegensätze auf engstem Raum haben ein einzigartiges Weinbaugebiet von seltener Schönheit entstehen lassen, welches sich durch seine Bodenformationen und durch sein subtiles Mikroklima von allen anderen Rebkulturflächen Europas unterscheidet. Die Rebkulturen ziehen sich auf den Terrassen bis in etwa 450 Meter Meerhöhe hinauf, also 250 Meter über dem Donaustrom.

Wie gut Grüne-Veltliner-Weine aus der Wachau wirklich schmecken und wie fantastisch sie zu exotischer oder mediterraner Küche passen, habe ich vor vielen Jahren in den USA gelernt. Denn auf jeder Weinkarte der modernen, neuen und trendigen Lokale sind immer ein paar «Grüne», wie sie von den Amerikanern liebevoll genannt werden, aufgelistet, und nicht erst seit gestern. Ich erinnere mich an die herrliche Kombination mit vietnamesischen Rezepten in The Slanted Door (www.slanteddoor.com) in San Francisco genauso wie an die mit amerikanischen Gerichten in der Gramercy Tavern (www.gramercytavern.com) in New York. Ich erwähne das, weil man manchmal viel mehr auf etwas aufmerksam wird, wenn man es ausserhalb seines Ursprungsterroirs entdeckt. Auch schätzt man es vielleicht mehr, ist man weit weg von der eigentlichen Quelle, an der es immer verfügbar war und ist.

Die Gründung des Vereins «Vinea Wachau Nobilis Districtus» war visionär und ein genialer Schachzug für diese damals noch relativ unbekannte Weinregion.

Ich besuchte die Wachau das erste Mal etwa zehn Jahre, nachdem der Verein «Vinea Wachau Nobilis Districtus» gegründet worden war. Ein genialer Schachzug einer damals noch relativ unbekannten Weinregion, die jedoch das Potenzial ihrer einmaligen Lagen und ihrer Weine visionär erkannte. Was die Wachauer Winzer damals beschlossen haben, war der Start einer Qualitätsinitiative, die nicht nur einzelne Winzer individuell in Angriff nahmen, sondern das ganze Gebiet vereint zusammen. Und das lange bevor in Österreich die Kreation der DAC (Districtus Austriae Controllatus), also geschützte Herkunftsbezeichnung für regionaltypische Qualitätsweine, begann.

Der Winzer Josef Stoiber arbeitet seit 1965 in den Reben und liess sich gerne von unserem Fotografen Philipp Rohner fotografieren. Als dieser ihm die Hand zum Danken gab, entdeckte er die stahlharten Muskeln von Josefs Arm.

Authentizität, Individualität, Naturbelassenheit und Handarbeit sind die Grundgedanken der Vinea Wachau. Primär werden die weissen Traubensorten Grüner Veltliner und der Riesling verarbeitet und Weine mit den Gütesiegeln «Steinfeder», «Federspiel» und «Smaragd» vinifiziert, wobei der Grüne Veltliner die wichtigste autochthone Sorte Österreichs ist. Auch wenn sie inzwischen in anderen Ländern kultiviert wird (Ungarn, USA, Australien, Tschechien, Neuseeland, Schweiz), kommen doch die schönsten und hochwertigsten Weine aus Österreich.

Aus ihr können sowohl einfache Alltagsweine vinifiziert werden, die man nach ein bis zwei Jahren geniesst, wie auch komplexe Charakterweine, die auch nach zehn Jahren Lagerung noch fantastisch schmecken. Grüne Veltliner können sowohl nur im Stahltank ausgebaut werden als auch in der Barrique. Sie lassen sich als gut strukturiert, mit Zitrus- und Pfefferaromen sowie Honignoten umschreiben. Nicht zu vergessen die saftige Säure, die diesem Wein das nötige Temperament verleiht. Je länger der Wein im Keller reift, desto süsser und honigbetonter wird er.

Links: Mit in der Wachau war auch der Weinexperte Thomas Dürlewanger.

Rechts: Das Wahrzeichen des Weinguts – das barocke Kellerschlössle, das 1714–1719 erbaut wurde. Darin befinden sich zahlreiche Fresken und Wandmalereien mit teils äusserst humorvollen Sujets aus der Zeit.

«Egal wo man hinschaut, ein Drittel der Reben wird von uns verarbeitet, gehört uns, beziehungsweise einem unserer 250 Winzer.»

Heute bewirtschaften in der Wachau 650 Winzer die 1350 Hektaren auf 124 teilweise ganz unterschiedlichen Einzellagen mit Namen wie beispielsweise «Achleiten», «Kellerberg» oder «Loibenberg», mit dem Resultat, dass aus den zwei weissen Hauptsorten eine Fülle an unterschiedlichen Weinen zu entdecken ist. Ein Drittel aller dieser Weine wird im Keller der Domäne Wachau produziert. «Egal, wo man hinschaut, ein Drittel der Reben wird von uns verarbeitet, gehört uns, beziehungsweise einem unserer 250 Winzer», erklärt Roman Horvath, Master of Wine und Weingutsleiter der Domäne. Zusammen mit Heinz Frischengruber, dem technischen Direktor, hat er in den letzten Jahren aus einer etwas in die Jahre gekommenen Genossenschaft (die damals noch Freie Weingärtner Wachau hiess) die innovative und dynamische Domäne Wachau aufgebaut. In einem konservativen Gebiet wie der Wachau ist das gar nicht so einfach. Doch die beiden blasen seit ein paar Jahren eine vorbildlich ansteckende Marschmusik, mit dem Resultat, dass die Domäne innert kurzer Zeit in die Liga der Topweingüter der Region aufgestiegen ist.

Dazu erklärt Heinz Frischengruber: «Wir haben ein exaktes Weingartenprogramm ausgearbeitet, das akribische Qualitätsarbeit verlangt. Der Steilheit und Höhe der Terrassen wird Tribut gezollt. Einzellagen werden separat verarbeitet. Handlese und gezielte Selektion sind Basis für perfektes Traubenmaterial. Denn Topweine entstehen nur im Weingarten und nicht im Keller.» Wie recht er doch hat. Heinz und sein Team kreieren mit jeder Ernte rund 60 verschiedene Weine, wobei er betont, dass er aufgehört hat zu zählen.

Denn manchmal hat man eine jahrgangsspezifische Idee, die zu einer Neukreation führt. Spannend daran ist, dass man durch dieses System die Möglichkeit besitzt, auch kleine Mengen von einem Wein zu vinifizieren, und natürlich durch ganz strenge Selektion die Qualität generell steigern kann.

Die Wachau liegt an den Ufern der Donau und ist eine höchst entdeckungswürdige Region. Sie ist Teil des Weinbaugebietes Niederösterreich, Weltkulturerbe und Wohlfühllandschaft. Und sie ist ein Terroir, das stark von der christlichen Kultur geprägt ist. Eingebettet zwischen den herrlichen Benediktinerstiften Göttweig und Melk,

Die Wachau ist ein Paradies für Liebhaber von charaktervollen, komplexen und langlebigen Weissweinen.

Die Böden der Wachau sind extrem karg und von zahlreichen Stützmauern geprägt.
Wir spazierten diesen Rebberg von oben nach unten ab und konnten uns kaum vorstellen, wie anstrengend die Handarbeit im Rebberg sein muss. Roman Horvath kenne ich seit vielen Jahren.

DOMÄNE
WACHAU

Die Kirche hat Jahrhunderte den Weinbau geprägt. Europa verdankt ihr viele bekannte Terroirs und Lagen.

findet man entlang der Wachauer Donauufer zahlreiche Kirchen, Kapellen und Klöster, die man auch heute noch besichtigen kann. Ich erwähne das, weil Kirche und Weinbau oftmals sehr nahe beieinander liegen. Weinbau war immer ein aufwendiger Prozess, der auch Wissen und Musse verlangte. Daher wurde er seit dem Mittelalter gerne den Mönchen und Klöstern zugeschrieben. Ihnen haben wir in ganz Europa viele Terroirs und Lagen zu verdanken, die auch heute noch bewirtschaftet werden. Auch einzelne heute noch bekannte Weine gehen auf diese Zeit zurück. So wurde einer der berühmtesten Champagner nicht nur von einem Benediktinermönch erfunden – er ist auch bis heute noch nach ihm benannt: Dom Pérignon.

Das enge Donautal zwischen Melk und Krems mit seinen oftmals steilen Terrassen und Terrassenmauern ist Zeugnis harter Weinbauarbeit. Optisch wirken solche Terrassenlandschaften immer sehr beruhigend und vertraut. Die linearen Abgrenzungen passen sich dem Gelände an und machen es begeh- und bewirtschaftbar. Diese Mauern haben eine sehr alte Herkunft, denn die Geschichte des Wachauer Weins beginnt in vorrömischer Zeit und wird von der klösterlichen Landaufteilung im Mittelalter geprägt. Unter der Herrschaft von Bistümern und Klöstern entstand die Terrassenlandschaft, wobei bis heute unklar ist, wann genau die unzähligen Terrassenmauern errichtet worden sind. «Es gibt keine genauen Hinweise, wer die Mauern gebaut hat», erklärt Heinz Frischengruber und fügt an: «Manchmal gehen einzelne Mauern auch kaputt. Erstaunlich ist immer zu sehen, dass die Weinbauern wissen, wie man sie flickt. Es ist ein Handwerk, das von Generation zu Generation übergeben worden ist. Natürlich gibt es auch Kurse, aber meist wird mit dem Wissen der Vorfahren gearbeitet.»

Vom Weinshop des Weingutes geht ein Eingang direkt in den Weinkeller. Hier staunten wir alle, denn in den meisten Weinkellern sind die Schimmelpilze an den Wänden schwarz-braun. Nicht so hier. Wir konnten uns an dieser attraktiven orangeroten Farbenpracht kaum satt sehen.

Bei Weinregionen mit solch einmaligen Reblagen versuche ich immer ein wenig zu Fuss durch die Reben zu spazieren – lieber von oben nach unten als umgekehrt. Dadurch gewinnt man ein unvergessliches Gefühl davon, wie streng die Arbeit im Rebberg ist. Ein Gefühl, das den Genuss der Weine dieses Terroirs garantiert steigert. Besonders, wenn man gemütlich in einem Restaurant sitzt und einen Schluck kühlen Grünen Veltliner geniesst.

INRI

Vorherige Seite: Die barocke Stiftskirche Göttweig ist eine sehr beliebte Hochzeitskirche. Als wir sie besuchten, wurde darin gerade ein Orgelwerk von Bach geprobt. Rechts: Vor oder nach der Reise in die Wachau bleibe ich immer ein paar Nächte in Wien.

Restaurant Zum Schwarzen Kameel

In Wien kann jahrhundertealte Geschichte an jeder Ecke erlebt werden. An historisch wichtigen Adressen fehlt es nicht. Auch nicht an kulinarischen – wie etwa dem Restaurant mit Weinhandlung «Zum Schwarzen Kameel» an der Bognergasse. Ein Muss für Romantiker auf der Suche nach dem besten Wiener Schnitzel.

«Mädchen, Mädchen, lass Dich küssen. Hurtig, hurtig, Du wirst es müssen. Auf das Küssen schmeckt der Wein», überhörte ich meinen Tischnachbarn im Schwarzen Kameel sagen. Während er seinem Vis-à-vis, wie er betonte, Ephraim Lessing zitierte, blätterte ich durch die Weinkarte meines liebsten Wiener Lokals und musste schmunzeln, denn jedes Mal, wenn ich hier esse, treffe ich entweder auf einen Dirigenten, einen Komponisten, einen Literaten oder sonst eine musisch veranlagte Person.

Die Geschichte des Schwarzen Kameels geht auf 1618 zurück, als Johann Baptist Cameel das Haus erwarb und darin eine Gewürzkrämerei

eröffnete, die er «Zum Schwarzen Kameel» nannte. Seit dem 19. Jahrhundert befindet sich darin auch eine Weinstube und heute strahlt das Interieur in edlem Jugendstil. Den heutigen Besitzer Peter Friese habe ich vor Jahren auf einer Weinreise in Portugal kennengelernt und er erzählte mir zur Geschichte des Schwarzen Kameels: «Viele Generationen von kundigen Gastgebern und anspruchsvollen Gästen gaben und geben dieser gleichermassen leichtlebigen wie gediegenen kulinarischen Institution in der Bognergasse ihre ganz besondere Atmosphäre. Hier wurde Geschichte geschrieben, die sich mit allen Sinnen geniessen lässt. Sogar zarter Blütenduft darf dabei nicht fehlen: Ein Verwandter des Gründers, Pater Camelius, brachte die später nach ihm benannte Kamelie von den Philippinen nach Europa. Im Mittelpunkt standen allerdings seit eh und je nahrhafte Sinnesfreuden. Noble Leute, die hier der steifen Etikette entfliehen konnten, ohne gar zu sehr unter das Volk zu geraten, achtbare Bürger und ebenso achtbare, wenn auch nicht ganz so gesittete Künstler. Georg Ferdinand Waldmüller griff erst zum Wein und dann zum Skizzenblock, um das längst legendäre Höckertier endlich auch ins Bild zu setzen. Der zu seiner Zeit recht bekannte Friedrich August Kanne komponierte und dichtete im obersten Stockwerk des Hauses, wenn er nicht gerade zu ebener Erde ass und trank, was das Zeug hielt; und auch ein ganz grosser unter seinen Kollegen, Ludwig van Beethoven, dachte nicht daran, sich zu kasteien, wenn er hier zu Gast war oder Bestellungen aufgab.» Erinnerungen an diese Gäste findet man im Lokal heute noch – so etwa eine handgeschriebene Partitur von Beethoven.

Zu den Signaturgerichten gehört unter anderem das Wiener Schnitzel, das immer sehr gut zu einem Grünen Veltliner passt – oder überhaupt zu einem Weisswein aus Österreich. Die Weinkarte des Kameels ist eine wahre Entdeckung.

Fotos Philipp Rohner

www.kameel.at

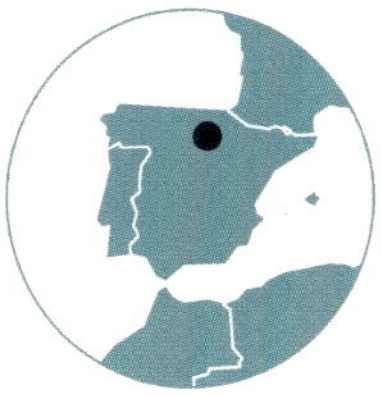

MARQUÉS DE RISCAL – RIOJA UND ARCHITEKUR

Der Rioja ist nicht nur einer der bekanntesten spanischen Weine, es war auch der erste, der DOCa klassifiziert wurde. Die Geschichte der Region entführt nach Bordeaux, in die Welt der langen Lagerung im Holzfass und neuerdings auch in die Welt der Stararchitekten. Bei Marqués de Riscal kann man alle diese Elemente vor Ort erleben.

Das Rioja-Gebiet liegt im Norden Spaniens auf beiden Seiten des Flusses Ebro und die Haupttraubensorten sind Tempranillo, Garnacha, Graciano, Mazuela und Maturana bei den Rotweinen. Bei den Weissweinen sind es Viura, Garnacha Blanca, Malvasia, Torrontés, Verdejo, Chardonnay und Sauvignon Blanc. Das Anbaugebiet ist in die drei Subregionen Rioja Alta, Rioja Alavesa und Rioja Baja aufgeteilt.

Für einen Besuch ins Riojagebiet fliegt man am besten nach Bilbao – es liegt nur gerade 100 Kilometer nördlich der Region. Aber ich wollte unbedingt zuerst nach Madrid, um hier im traditionellen Restaurant Posada de la Villa sein bekanntestes Gericht, das «Cordero Asado en Horno de Leña» (Milchlamm) zu essen. Es wird nur mit Wasser und Salz beträufelt und während 2,5 Stunden im Ofen gebraten. Das Gericht passt nicht nur wunderbar zu einem etwas reiferen Reserva oder Gran Reserva Rioja, es entführt einen im Nu nach Spanien. Generell beginne ich eine Reise in ein Weingebiet gerne mit dem Genuss regionaler Küche. Sie passt zum lokalen Wein und die Kellner können immer etwas dazu erzählen, oftmals sogar aus der eigenen Familiengeschichte. Die Posada de la Villa war 1642 übrigens das erste Gasthaus in Madrid, das Pilgernde, Reisende, Handelsleute oder Handwerker beherbergte und verpflegte. Und so erhält man auch heute noch beim Verlassen des Hauses einen kleinen Schlüssel, der einen daran erinnern soll, dass man hier immer willkommen ist.

> Meist beginne ich den Besuch einer neuen Region mit einem Essen in einem typischen Restaurant. Die lokalen Gerichte passen dann meistens auch zu den lokalen Weinen.

Sehr willkommen ist man auch auf Marqués de Riscal im 1000-Seelen-Dorf Elciego – im Herzen des Rioja-Gebietes. Don Camilo Hurtado de Amezaga, der Marqués de Riscal, liebte die Weine aus Bordeaux. Nach einem längeren Aufenthalt in dieser klassischen französischen Weinbauregion gründete er im heutigen Riojagebiet 1858 die Bodega Marqués de Riscal, die heute zu den bekanntesten und ältesten

Stararchitekt Frank Gehry hat den schwungvollen Bau der Kellerei entworfen und sich dabei vom wehenden Rock einer Zigeunerin inspirieren lassen.

BODEGAS
MARQUÉS DE RISCAL

Von der Dachterrasse der Bodega Marqués de Riscal hat man einen einmaligen Blick auf das 1000-Seelen-Dorf Elciego.

Betrieben der Region zählt. Glücklicherweise erkannte er früh, dass das Riojagebiet mit seinen einzigartigen Voraussetzungen gepaart mit dem französischen Vinifikationsstil eine perfekte Einheit bilden würde. Lehm und Kalk im Boden waren schon damals ein wichtiger Faktor, um das Wachstum der Reben zu begünstigen. 1862 war es so weit: Die erste Flasche aus dem Hause Marqués de Riscal kam in den Verkauf. Einige dieser Flaschen sind noch vorhanden. Sie schlummern im alten Weinkeller der Bodega – «La Catedral» genannt.

Hier lagern sage und schreibe rund 140 000 Flaschen, die bis ins Jahr 1862 zurückdatieren und die Güte des Betriebs dokumentieren.

Inzwischen ist das Weingut eines der bekanntesten Spaniens, was auch mit dem ambitionierten Projekt «Stadt des Weins» zu tun hat. Es umfasst 100 000 Quadratmeter und zieht Wein- und Architekturfans aus aller Welt an. Die «Stadt des Weins» besteht aus der Kellerei Marqués de Riscal, Restaurants, einem Spa, einer Dachlounge, einer Weinbar, einem Weingeschäft sowie Tagungs- und Bankettbereichen und ist öffentlich zugänglich. Für die Entstehung des Hotels schwebte dem Weingut ein ultramodernes Gebäude vor, das starke Emotionen hervorrufen würde. Um diese Wirkung zu erzielen, wurde der Stararchitekt Frank O. Gehry auserkoren. Bei einem Glas Wein aus dem Jahr 1929 (dem Geburtsjahr des Architekten) stellte das Team die Idee für das Projekt vor. Gehry reizte die Herausforderung, ein Hotel im Herzen eines Weinkellers zu entwerfen – denn so etwas hatte er noch nie realisiert. Wie Gehrys Guggenheim-Museum in der Stadt Bilbao, die 100 Kilometer entfernt liegt, so sollte auch das Hotel in Titan und Edelstahl gekleidet werden. Diesmal integrierte der Architekt allerdings die Farben des Weingutes: Rosa, wie roter Wein, Gold, wie das Netz um die Flaschen von Marqués de Riscal Reserva, und Silber, wie die Flaschenkapseln.

Vorherige Seite: Der Name der Region stammt angeblich vom «Rio Oja» (Fluss Oja). Er schlängelt sich im Norden des Gebiets durch die atemberaubende Landschaft.

Das Weingebiet um die Bodega Marqués de Riscal ist von einer einmaligen Schönheit geprägt. Kornfelder, Reben, kleine Dörfer und eine sanfte Hügellandschaft, wohin man schaut.

Die ganze Kellerei ist wie ein kleines Disneyland eingerichtet und täglich finden zahlreiche Führungen statt, die einem den ganzen Weinbauprozess erklären, von der Traubenannahme bis zum Barriquekeller, in dem rund 20 000 Fässer lagern. Das Holzfass ist übrigens ganz zentral bei der Produktion des Rioja-Weins, denn je länger der Wein im Fass reift, desto höher gilt seine Qualität. Dass Rioja heute eine grosse Holzfasskultur besitzt, hat sie den Winzern aus Bordeaux, beziehungsweise der Reblaus zu verdanken.

Als die Reblaus und der Mehltau gegen 1850 die Rebberge von Bordeaux verwüsteten, begannen die Franzosen, grosse Mengen des Weins aus Rioja nach Frankreich zu importieren, merkten aber schnell, dass dieser viel «dünner» war als ihr bis anhin produzierter Bordeaux. Dies löste zwei Bewegungen aus. Einerseits wurden Önologen engagiert, um den Spaniern beizubringen, wie man mit dem Ausbau im Eichenfass arbeitet, und andererseits wanderten auch französische Weinhäuser ins Rioja-Gebiet aus, um hier ihren eigenen Wein zu vinifizieren.

Wir verbrachten einen Abend in Madrid und genossen hier die lokalen Köstlichkeiten - ausgiebig.

«Die alten Reben sind die Seele des Terroirs und ein Schatz der Region», erklärt uns Paco.

PALETA BELLOTA
PREMIUM
CORDOBA
32,00€
PALETA BELLOTA
ENRIQUE TOMÁS
JABUGO
(Huelva)
28,00€
bellota

Finca
LOS JARALES

Jamón ibérico
de Bellota
17,00
€/100 Grs
Acorn fed iberian ham
mas

In Spanien wurde Wein bereits 1650 in Eichenholzfässern ausgebaut. Ende des 19. Jahrhunderts kamen zahlreiche Winzer aus Bordeaux ins Riojagebiet, um hier Wein zu produzieren.

Einige der Bordeaux-Winzer kehrten nach einiger Zeit nach Bordeaux zurück, als die Wissenschaft herausgefunden hatte, dass man die Rebgärten vor der Reblaus schützen konnte, indem man die Reben auf resistente amerikanische Wurzelunterlagen pfropfte. Andere kehrten erst zurück, als sie merkten, dass die Reblaus plötzlich auch im Rioja-Gebiet vorkam und hier zwischen 1900 und 1905 sehr viel Schaden anrichtete. Diejenigen, die bleiben wollten, konnten dies bis zum Ausbruch des spanischen Bürgerkrieges tun, und prägten in dieser Zeit die Stilistik der Rioja-Weine ungemein.

Bei unserem Besuch auf dem Weingut verkosteten wir zusammen mit Francisco Hurtado de Amézaga y Dolagaray, kurz «Paco» genannt, die Weinpalette des Hauses. Der Direktor der Bodega Riscal und Spross des Gutsgründers studierte an der Universität Bordeaux bei Emile Peynaud, einem der bedeutendsten Önologen des 20. Jahrhunderts. Paco arbeitet schon sein ganzes Leben lang für Riscal und gründete 1972 im Rueda-Gebiet eine zusätzliche Kellerei, die heute den bekannten Weisswein von Marqués de Riscal vinifiziert. Man könnte ihm stundenlang zuhören, wenn er über Reben, Weine und Jahrzehnte philosophiert. Besonders ans Herz gewachsen sind ihm einzelne alte Tempranillo-Rebstöcke, die in der Zeit um 1940 gepflanzt worden sind. «Ich versuche, alte Reben zu behalten. Sie sind die Seele des Terroirs. Sie sind ein Schatz der Region und die daraus geernteten Trauben schmecken ganz anders», erklärt er liebevoll.

Beim Besuch der Kellerei stösst man auch auf diesen enormen Barrique-Keller. Hier ruhen die Weine mehrere Jahre, bevor sie in die Flaschen gefüllt werden.

Es ist nicht ganz einfach, von einem Rioja-Wein zu sprechen, denn das Gebiet setzt sich heute aus einer Vielzahl verschiedener Rotweintypen zusammen. Vom leichten, fruchtigen Crianza-Wein bis zum tanninreichen und komplexen Gran Reserva, der ein schier endloses Lagerpotenzial hat. Fest steht, dass sich die Weinberge inmitten einer wunderbaren Landschaft befinden und teilweise uralt sind.

Oben: In diesen alten Barriquekellern ruht unter anderem der Topwein Barón de Chirel. Er ist das moderne Pendant zur klassischen Marqués-de-Riscal-Linie. Unten: Dieser Barriquekeller ist einer von vielen. Darin ruhen die Spitzenweine bei angenehm kühlen Temperaturen.

567

Auch wird nicht mehr allein traditioneller Rioja vinifiziert, der primär in Holzfässern aus amerikanischer Eiche heranreift, was ihm süsse Vanille-Kokos-Aromen verleiht. Heute arbeiten zwei Weinphilosophien auf diesem Terroir, die eine traditionell-rustikal, die andere modern-opulent. Bei Marqués de Riscal findet man beide Weintypen im Portfolio.

So steht beispielsweise der Finca Torrea, der auch etwas Cabernet Sauvignon enthält, für das moderne 21. Jahrhundert, während der Gran Reserva Anniversario die Güte der Ursprünge und des klassischen Weinbaus zelebriert.

José Luis Muguiro Aznar, ebenfalls ein Mitglied der Besitzerfamilie und Vorstandsmitglied der Kellerei, ist ein Unikat mit unglaublicher Energie. Unermüdlich wirbt er weltweit für die Weine des Hauses, die inzwischen in über 150 Märkten weltweit vertrieben sind. Auch hat er die Wichtigkeit erkannt, den Wein mit Lifestyle-Elementen wie zum Beispiel Architektur kombinieren zu lassen, denn es war seine Idee, den

Oben: José Luis Muguiro Aznar ist die treibende Kraft der Kellerei. Er hat sie zu einer der wichtigsten Kellereien Spaniens gemacht.

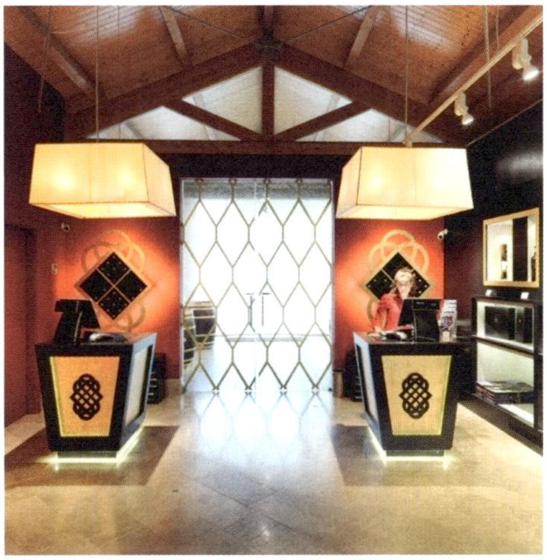

Rioja ist keine Traubensorte, sondern ein Weingebiet. Seit 1991 wird der Riojawein nach strengsten Qualitätsanforderungen produziert.

amerikanischen Stararchitekten Frank Gehry zu engagieren und etwas «Verrücktes» in der Region kreieren zu lassen. «Ich bin mir sicher, dass am Anfang alle daran dachten, dass wir hier übertreiben, aber wenn ich sehe, wie viele Besucher heute zu uns kommen, um Wein, Gastronomie, Architektur und Landschaft zu entdecken, das freut mich das unglaublich.

Gehry hat bei seiner Kreation übrigens nicht nur an eine Tänzerin gedacht, sondern auch an die Flasche des Marqués de Riscal Reserva.

Denn sein Bau leuchtet rosa wie roter Wein, golden wie das Netz um die Flaschen von Marqués de Riscal Reserva und silbern wie die Flaschenkapseln», erklärt mir José Luis stolz und betont, dass das Netz auf der Flasche eine Erfindung von Riscal gewesen sei: «Gegen Ende des 19. Jahrhunderts waren die Weine aus dem Rioja wegen ihrer hohen Qualität sehr bekannt, was dazu führte, dass sie gerne gefälscht wurden. Aus diesem Grund wurde das ‹Alambrado› erfunden – das dünne Drahtgeflecht, das um die Flasche gespannt wird, um so Manipulationen des Inhalts zu verhindern.»

Fotos Philipp Rohner

JEAN-RENÉ GERMANIER – VON CAYAS BIS MITIS

Dynamik steht im Mittelpunkt von Gilles Besses Alltag. Er ist ein charismatischer Winzer und führt in vierter Generation die Walliser Kellerei Jean-René Germanier in Vétroz zusammen mit seinem Onkel Jean-René. Ihm haben wir die Weinperlen «Cayas» und «Mitis» zu verdanken, die man weit über die Schweizer Grenze hinaus kennt.

In der Schweiz werden rund 15000 Hektaren Rebberge kultiviert. Jede dritte Flasche Schweizer Wein kommt heute aus dem Wallis. Mit 5200 Hektaren Rebfläche ist der Südkanton der grösste Weinbaukanton der Schweiz. Die Domaine Jean-René Germanier geht auf das Jahr 1896 zurück und zählt zu den Topbetrieben der Region.

Rainer Maria Rilke schrieb in seinen «Quatrains Valaisans»: «Glühendes Land, über vornehme Stufen steigt es hinauf zum grossen, vornehm verstehenden Himmel: Die harte Vergangenheit fordert, für immer kraftvoll und wachsam zu sein.» Wie treffend formuliert, denn die Walliser sind eine starke Gemeinschaft, die mit unglaublichem Stolz an den Werten der eigenen Kultur festhält und keinen Stress damit hat, andere Schweizer Regionen als «Ausserschweiz» zu bezeichnen. Die Berge und die Bergkultur mit allem Drum und Dran sind genauso zentral wie der Wein, der allgegenwärtig ist. Das Wallis ist auch ein emotionaler Kanton, der wie keine andere Schweizer Region Künstler und Schriftsteller aus aller Welt anzog – von Goethe bis Carl Zuckmayer. Auch der Fantasieautor und Schöpfer des Romans «Der Herr der Ringe», J.R.R. Tolkien, verbrachte einen Teil seines Lebens im Wallis. In der Zeit zwischen Schulende und Studienbeginn in Oxford unternahm Tolkien zusammen mit seinem Bruder und weiteren Freunden einen Wanderurlaub im Wallis. Eine Postkarte mit dem Namen «Der Berggeist», auf der ein unter einer Kiefer auf einem Felsen sitzender alter Mann dargestellt ist, wurde nach seinen späteren Angaben zur Inspiration für die Figur des Zauberers Gandalf in seiner selbsterschaffenen Welt Mittelerde.

> Das Wallis ist eine Komposition von Berglandschaften und Rebparzellen.

Meine Wallisaufenthalte begannen lange bevor ich wusste, wie gut der Walliser Wein überhaupt ist, und lange bevor ich wusste, was für ein önologischer Schatz sich hier verbirgt. Einer meiner ersten Kontakte war Jean-René Germanier, dessen Wein ich in Zermatt in den Skiferien getrunken hatte. Ganz überrascht, wie gut dieser mundete, besuchte ich ihn kurze Zeit

Die zahlreichen Rebparzellen lassen die Walliser Landschaft wie eine grafische Kreation aussehen.

später und erinnere mich daran, dass er mir von einem neuen Wein erzählte, den er bald lancieren würde. Einen reinen Syrah, zumal das Wallis der Ursprung der Rhone sei und das französische Rhonetal weltbekannt war für die Produktion von Syrah aus den Appellationen Hermitage, Cornas oder Côte Rôtie. Ihre Quelle hat die Rhone auf über 1800 m ü. M., umgeben von mehreren über 3000 Meter hohen Bergen. Hier beginnt ihre lange Reise durch die Schweiz und Frankreich, bevor sie schliesslich ins Mittelmeer fliesst. Im Walliser Rhonetal sind sowohl zur linken wie auch zur rechten Seite die Hänge mit Rebstöcken bepflanzt.

Ich erinnere mich auch noch, dass Jean-René noch nicht wusste, wie er diesen Wein nennen würde. Inzwischen feiern wir bald den 25. Jahrgang seines Top-Syrah – des Cayas. Ein Name, der an das Gestein in den steilen Rebbergen und an die Wichtigkeit der Felsen im Wallis überhaupt erinnern soll. Wenige Jahre nach dem Cayas stiess nicht nur Jean-Renés Neffe Gilles Besse zur Kellerei, es wurde auch einer der besten Süssweine der Schweiz lanciert: der Mitis. Vinifiziert wird er aus der Amigne-de-Vétroz-Traube. Unvergesslich, als ich meine Nase zum ersten Mal vom Duft dieser goldgelb leuchtenden Essenz verführen liess. «Sonnengewärmte Mandarinenplantagen, hauchdünne Aprikosenscheiben, frisch geröstete Mandeln, Akazienhonig», schoss es mir durch den Kopf. Im Gaumen verstärkten sich diese Aromen noch und ich sah meine Geschmacksnerven im Honig baden.

Oben: Die Eringer sind eine alte, traditionelle Walliser Kuhrasse und haben ein kampflustiges Temperament. Jeden Frühling beim Alpaufzug bekämpfen sie sich Horn an Horn. Die stärkste Kuh, die «Königin», wird die Herde den ganzen Sommer anführen. Wir besuchten die Familie Pillet auf der Alp Pointet. Sie liefert nicht nur Trauben an die Germaniers, sondern besitzt auch solche Star-Kühe. In ihrem Keller reift herrlicher Käse.

Die Amigne-Traube ist praktisch ausgestorben und ist gerade noch im Walliser Dorf Vétroz anzutreffen. Rund 50 Hektaren werden hier kultiviert. Aller Wahrscheinlichkeit nach hat sie römischen Ursprung, zumal sie vom römischen Schriftsteller Columella in seinem Werk «De re rustica» unter dem Namen Vitis Aminea erwähnt wird.

Im Wallis heisst der Chasselas-Wein Fendant. Der Name ist eine Anspielung darauf, dass die Chasselas-Beeren beim Zerdrücken nicht platzen, sondern sich vielmehr spalten.

Im Jahr 1686 wird sie bereits unter ihrem aktuellen Namen im Walliser Werk «Livre pour le travail des vignes» von Riedmatten erwähnt. Darin ist zu lesen, dass am 18. September 1686 ein halber Lesewagen Amigne von Reben zwischen Granges und Noës geerntet worden ist. Interessanterweise ist es nicht die Region um Vétroz, die erwähnt wird, sondern die Region zwischen Sion und Sierre. Interessant darum, weil heute Vétroz die absolute Hochburg der Amigne-Traube ist.

Lange hielt man die Sorte für einen Abkömmling der antiken Sorte Vitis Aminea, zumal sie Ähnlichkeit mit den italienischen Trauben Trebbiano und Greco di Tufo zu haben schien. Jüngste DNA-Analysen des Walliser Rebforschers José Vouillamoz ergaben jedoch, dass der Amigne mit keiner bekannten Sorte verwandt ist. Der Amigne ist also einzigartig.

Er gehört in die Kategorie der aromatischen Traubensorten. Trocken ausgebaute Weine ergeben eine feine, aber relativ diskrete Aromatik. Als leichter Süss- oder Likörwein entwickelt Amigne sehr eigenständige Aromen, die an Mandarinenschalen, Zitrusfrüchte, Trockenfrüchte und Honig denken lassen.

Rechts: In den steilen Reblagen wird von Hand gearbeitet. Für eine Hektare werden rund 1100 Stunden aufgewendet, was sehr viel ist.

Um sich mit der Amigne-Traube vertraut zu machen, lohnt sich ein Besuch von Vétroz und den dortigen Winzern. Am besten plant man auch eine Wanderung durch den Amigne-Lehrpfad. Die Weinberge von Vétroz erstrecken sich über die unteren Hänge des rechten Rhoneufers und den Kegel aus Flussablagerungen der Lizerne zwischen Sion und Martigny im Zentralwallis. Dieser terrassierte Weinberg besteht aus Gletschermoränen und schwarzem Schiefergestein. Der Lehrpfad ist 2,7 Kilometer lang, verläuft romantisch durch die Reben.

Jedesmal, wenn ich im Wallis bin, trinke ich nicht nur ein Glas Amigne, sondern esse dazu auch ein Raclette – das lokale Nationalgericht, das eng mit der Schweizer Bergkultur zu tun hat. Schon im Mittelalter brieten Hirten ihren Käse am offenen Feuer. Schriftstücke aus Klöstern in Ob- und Nidwalden belegen, dass bereits um 1290 «Bratchäs» gegessen wurde, wahrscheinlich die damalige Bezeichnung für das Raclette-Gericht. Um die Entstehung des Raclettes, wie wir es heute kennen, ranken sich verschiedene Geschichten. Eine besagt, ein Walliser Bergbauer habe einen Käselaib am brennenden Kaminfeuer liegen lassen, der dann schmolz. Eine andere lautet, dass bei einem Haus das Dach des Vorratsraumes abgebrannt sei, worin Käse gelagert war.

Jean-René Germanier und Gilles Besse zählen zweifelsohne zu den dynamischsten Schweizer Winzern.

Die älteste genaue Beschreibung eines Raclette-Gerichts steht in einer Walliser Schrift aus dem Jahr 1574. Eine weltweit bekannte Bratchäs-Geschichte findet sich in Johanna Spyris Kinderbuch-Bestseller «Heidis Lehr- und Wanderjahre». Dort ist ausführlich beschrieben, wie der Alpöhi am offenen Feuer Käse briet, bis er goldgelb war, ihn dann auf ein Stück Brot als Unterlage

Oben: Gilles Besse, Jean-René Germanier und der Walliser Weinexperte Bernhard Amacker waren auf der Reise mit dabei.

Rechts: Im eleganten Keller von Jean-René Germanier ruhen auch alte Jahrgänge des Cayas, zurück bis zum Jahrgang 1995.

legte und es dem Mädchen gab. Heidi ass den butterweich geschmolzenen Käse mit grossem Genuss. Der Name Raclette stammt aus dem Französischen und weist auf Werkzeuge hin: «la racle».

Der Diminutiv «la raclette» bedeutet übersetzt Kratzeisen oder Schabeisen. Das Verb «racler» bezeichnet das, was man damit macht: abkratzen oder abschaben. Walliser Raclette-Käse gibt es inzwischen mit über 50 regionalen und lokalen Ursprungsbezeichnungen, die Namen von Tälern tragen wie Goms, Forclaz, Illiez, Simplon, Binn, Orsières, Bagnes oder Anniviers. Walliser Raclette-Käse wird immer aus roher, vollständiger und unbehandelter Kuhmilch hergestellt.

Generell ist sind die Walliser Rebberge stark vom Relief des Alpentals geprägt. Die meisten Reben wachsen in Steillagen von 60 bis 70 Prozent Gefälle. Um dem etwas entgegenzutreten, hat die letzte Winzergeneration mit dem Bau zahlreicher Terrassen begonnen, die von Trockensteinmauern gestützt werden. Sie gehören heute zum Landschaftsbild und gelten als kulturelles Erbe des Kantons. Ihre Pflege allerdings ist kostspielig, sodass sich die Produktionskosten in Terrassenlagen im Schnitt auf 60 000 Franken (40 000 Euro) pro Hektare belaufen, während sie in mechanisch bewirtschafteten Lagen bei rund 35 000 Franken (23 000 Euro) liegen. Statistiken zufolge beträgt der Arbeitsaufwand im Schnitt für eine Hektare Rebland in Australien 40 Stunden im Jahr, im Tessin 800 Stunden, im Wallis 1100 Stunden und im Veltlin 1400 Stunden.

Fotos Philipp Rohner

SANDRO BOTTEGA – DAS GOLDENE ZEITALTER DES PROSECCO

Unweit von Venedig produziert Sandro Bottega Prosecco und Grappa, die er in unvergessliche Flaschen verpackt. Mal sind sie golden, mal voller Kristalle und manchmal befindet sich darin sogar ein Kunstwerk. Er selber ist immer auf Achse, um das önologische Kulturgut des Veneto weltweit bekannt zu machen.

Das Prosecco-Gebiet liegt im Veneto, 50 Kilometer von Venedig entfernt, im hügeligen Teil der Provinz Treviso zwischen den Orten Conegliano und Valdobbiadene und auf halber Strecke zwischen den Dolomiten und der Adria.

Sandro Bottega ist nicht zu stoppen. Dynamisch wie die Mousse in seinen Proseccos bewegt er sich auf dem internationalen Parkett und ruht keine Minute, um das Erbe seiner Eltern weltweit bekannt zu machen. Was Aldo und Rosina Bottega 1977 bescheiden begonnen hatten, baute Sandro inzwischen zu einem Grossbetrieb auf. Wurde in der Distilleria Bottega früher nur Grappa produziert, werden inzwischen über eine Million Flaschen abgefüllt – drei Viertel davon sind Schaumweine. Dabei hat Sandro das Glück, dass seine Schaumweine nicht aus irgendeiner Region stammen, sondern aus dem Gebiet des Prosecco – also der norditalienischen Region unweit von Venedig, die in den letzten Jahren mehr als einen Boom erlebt hat. Die Nachfrage nach dem lieblich schäumenden, unkomplizierten Schaumwein ist förmlich explodiert und scheint mit jedem Jahrgang weiter zu wachsen. Inzwischen wird sogar mehr Prosecco produziert als Champagner. Dieser Boom führte vor über zehn Jahren dazu, dass es plötzlich beispielsweise Prosecco-Weine aus Deutschland oder gar aus Dosen zu kaufen gab. Kurz: Der Name und das Gebiet mussten geschützt werden, damit das Produkt eine wirkliche Identität erhalten konnte. 2009 war es so weit.

Meinen ersten Prosecco trank ich nicht pur, sondern in einem Bellini in Venedig, genauer gesagt in der legendären Harry's Bar, die am 13. Mai 1931 ihre Türen öffnete. Giuseppe Cipriani erfand diesen Venedig-Cocktail 1948 und nannte ihn so, da ihn die Farbe an ein Gemälde von Giovanni Bellini erinnerte. Der Drink ist so einfach wie auch gut. Frisch pürierter weisser Pfirsich gemischt mit Prosecco und eiskalt serviert. Bei einem Bellini lernte ich auch Sandro Bottega kennen – im Café Quadri auf der Piazza San

Die grosse Prosecco-Nachfrage führte dazu, dass der Name 2009 geschützt wurde.

Die lieblichen Hügel befinden sich im DOCG-Gebiet. Von hier stammt der beste Prosecco. Das Gebiet ist auch unter Radtouristen sehr beliebt, zumal die Hügel nicht zu steil sind und die Landschaft zauberhaft ist.

Marco. Seine Produkte waren mir nicht fremd – allen voran die goldene Proseccoflasche, die wie ein Pokal leuchtet. «Wir haben ein spezielles Verfahren entwickeln lassen, um diese Flasche zu produzieren. Der Prozess ist sehr aufwendig und es hat drei Schichten Farbe darauf, damit sie auch so schön leuchtet», erklärte Sandro. Beim Entdecken seiner Weine fällt schnell auf, dass sie optisch sehr eigenständig und dekorativ sind. Die Flaschen leuchten gold, silber, rosa oder gar brillant und manchmal hat es sogar ein Kunstwerk darin, das in der hauseigenen Glasbläserei produziert wird. «Wir sind eine grosse Familie, die die Tradition liebt», betont Sandro Bottega, «daher gehört die venezianische Tradition der Glasbläserei dazu. Unser Glasbläser Mauro arbeitet schon seit 40 Jahren für unsere Familie. Je nach Wunsch und Land kreieren wir ganz eigene Sujets, die in die Flaschen kommen – vom Pandabär über die Ballerina bis zum Flugzeug.»

Prosecco und Champagner sind inzwischen die bekanntesten Schaumweine der Welt – auch wenn beide komplett anders produziert werden.

Ein Besuch in Venedig sollte auch eingeplant sein.
Links: Das Caffè Quadri befindet sich an der Piazza San Marco. Im ersten Stock kann man sich kulinarisch verwöhnen lassen, während man gedanklich in andere Zeitepochen gleitet. Auf der anderen Seite des Platzes dann das bekannte Caffè Florian.

Prosecco wurde erst in den letzten zehn Jahren weltweit bekannt, auch wenn die Geschichte der Weinregion Jahrhunderte zurückgeht.

Zu Flugzeugen und insbesondere Flughäfen hat Sandro eine ganz spezielle Beziehung. Es gibt kaum ein Duty-Free-Geschäft auf der Welt, das nicht etwas von Bottega im Angebot hat. Neuerdings eröffnete er sogar spezielle Bottega-Bars in einzelnen Flughäfen, in denen klassische Gerichte und Häppchen aus Italien zu seinen Weinen serviert werden. «Als ich anfing, für unser Familienunternehmen zu arbeiten, war Grappa veraltet, da er durchsichtig war und die Flasche langweilig aussah. Das brachte mich auf die Idee, kleine Kunstwerke in die Flasche zu zaubern und diese erst einmal auf dem Duty-Free-Markt anzubieten. Jetzt sind diese Flaschen ein Hit und alle sprechen wieder von Grappa», erklärt Sandro weiter.

Man kann Sandro stundenlang zuhören, wenn er über die Geschichte Venedigs, den Prosecco, aber auch seine Stillweine referiert. Sowohl im Valpolicella wie auch in Montalcino produziert er eine klassische Weinpalette. Vom Amarone über den Ripasso bis zum Brunello di Montalcino. Einige davon tragen sogar die Signatur der italienischen Schauspielerin Stefania Sandrelli. «Der Regisseur Bernardo Bertolucci war ein Freund meines Vaters, und als er 1976 sein gut fünfstündiges Meisterwerk ‹1900› unweit von hier drehte, lernten wir Stefania Sandrelli kennen, die auch im Film mitspielte. Doch damit nicht genug. Sie lernte während der Dreharbeiten ihren zukünftigen Mann kennen, Giovanni Soldati, der mit Bertolucci zusammenarbeitete. Seither sind wir eine grosse Familie geblieben», erinnert sich Bottega.

Sein Kerngeschäft ist jedoch der Prosecco, der Schaumwein, der inzwischen weltweit nach dem Champagner den grössten Bekanntheitsgrad geniesst. Der gemeinsame Nenner von Schaumweinen ist der Effekt, den sie beim Genuss auslösen. Man fühlt sich spezieller, automatisch lockerer und steht dem Wein damit auch weniger kritisch gegenüber. Schaumwein wird überall auf der Welt und aus allen Trauben vinifiziert.

Grappa und Prosecco sind zwei Kulturprodukte des Veneto. Während früher der Grappa wichtiger war, ist es heute der Prosecco.

Wie der Name bereits verrät, ist die Prosecco-Traube Glera Lunga eine in der Form längliche Traube.

Er kann weiss, rosé oder rot sein, mit oder ohne Jahrgang, und preislich von ganz unten bis nach ganz oben variieren. Er kann sowohl Einzel- und Sammlerstück sein als auch ein Lifestyle-Getränk mit einer kurzen saisonalen Lebensdauer. Bei einigen Produkten entstehen die CO_2-Bläschen nach langjähriger, sorgfältiger Lagerung auf der Hefe in der Flasche, bei anderen werden sie mechanisch in grosse Tanks gepumpt. Bei dieser Vielfalt sind es dennoch ein paar wenige europäische Regionen, deren Produkte man weltweit kennt, oder die zumindest repräsentativ für ihre Gattung stehen. Allen voran der Champagner aus der Champagne, dann Prosecco aus dem Veneto, Cava aus Spanien, Franciacorta aus der Lombardei oder Sekt aus Deutschland. Hinter dem Begriff Crémant befinden sich alle traditionellen Schaumweine aus Frankreich, die nicht aus der Champagne stammen. Spumante ist der italienische Oberbegriff für Schaumweine, die nicht aus dem Veneto stammen.

Typisch für einen Prosecco ist, dass er im Vergleich zu einem Champagner nicht nur viel weniger kostet, sondern auch viel süffiger und unkomplizierter ist. Man kann ihn ohne grosses Tam-Tam geniessen – auch on the rocks oder in einem Cocktail. Zudem lässt er sich zu vielen Speisen kombinieren und ist dank seinem eher tiefen Alkoholgehalt von rund 11 Volumenprozent gut bekömmlich. Wichtig ist einfach, dass er jung genossen wird. Prosecco sollte nicht gelagert werden – auf jeden Fall wird er dann nicht besser. Im Gegenteil, er könnte seine Frische und Blumigkeit verlieren. «Und nun will ich mir den Mund benetzen mit diesem apfelaromatischen Prosecco», schrieb der italienische Dichter Aureliano Acanti im Jahre 1754. Aber schon in römischer Zeit wurde aus den Trauben der Rebsorte Glera, die anfänglich im Ort Prosecco auf den Karsthügeln von Triest angebaut wurde, ein Wein namens

Die moderne Kellerei befindet sich in Bibano di Godega unweit von Venedig. Bei einem Besuch kann man sowohl die Grappa–wie auch die Schaumweinproduktion besichtigen.

Das Markenzeichen von Bottega sind seine dekorativen Flaschen, die auch nach dem Genuss des Weins gerne behalten werden.

Puccino erzeugt. Im siebzehnten Jahrhundert entwickelte sich der Anbau der Rebsorte Glera, aus der Prosecco vinifiziert wird, über das gesamte venezisch-friulanische Hügelband. In einem Text aus dem Jahre 1937 ist zu lesen: «In Fässer gefüllter Prosecco wird am Anfang des Frühlings verkauft und für die Flasche bestimmt, wo er zu Schaumwein wird.» Im letzten Jahrhundert hat sich die Produktionsmethode nicht zuletzt dank der Schule der Önologie in Conegliano perfektioniert. Zur Förderung des Weinbaus in der Region eröffnete Antonio Carpené 1876 dieses Institut. Es gilt inzwischen als wichtigste Ausbildungsstätte für Weinanbau in Italien. Der Winzer und Chemiker Carpené hatte ein Verfahren zur Herstellung von Prosecco in Tanks erfunden und legte damit den Grundstein für die Prosecco-Produktion, wie man sie heute kennt. 1868 produzierte sein Weingut «Carpenè Malvolti» das erste Mal nach seiner Methode und arbeitet bis heute – vier Generationen später – noch so.

Das Prosecco-Weingebiet ist sehr hügelig und erinnert bei Conegliano etwas an die weiten Hügelzüge der Toskana. Bei Valdobbiadene werden die Weinberge immer steiler und kleiner und befinden sich auf einer Höhe von 150 bis 350 Meter über Meer. Beim Besuch des Gebiets stösst man immer wieder auf die prunkvollen Villen des venezianischen Adels. Sie wurden von der Aristokratie der Republik Venedig gebaut, damit sie die heissen Sommerferien auf dem Festland verbringen konnte. Zahlreiche von ihnen sind heute zu Museen oder gar zu Hotels umfunktioniert.

Im Familienbetrieb arbeiten auch die Geschwister von Sandro sowie seine Partnerin.

Also ein idealer Ausgangspunkt für einen Besuch dieses Gebiets, dessen Wein so delikat prickelt, dass immer mehr Weingeniesser ihren Durst mit ihm löschen wollen.

In den Hügeln des Weingebiets trafen wir Sandro und seine Partnerin Monica Lisetto mit ihrem Vater Angelo zum Lunch. Die hausgemachte Salami schmeckte köstlich zum hausgemachten Prosecco – auch für Buchautorin und Weinexpertin Christina Fischer.

Fotos Philipp Rohner

CHAMPAGNE POMMERY – VON POP BIS CUVÉE LOUISE

Am Anfang der Erfolgsgeschichte des Champagnerhauses Pommery steht eine mutige Frau – Jeanne-Alexandrine Pommery. Nach dem Tod ihres Mannes im Jahr 1858 übernimmt die junge Witwe das 1836 gegründete Haus «Pommery & Greno» in Reims mit den Worten: «Ich, Madame Pommery, habe den Entschluss gefasst, das Unternehmen persönlich weiterzuführen». Heute gehört das Haus Paul-François Vranken und der Vranken-Pommery-Gruppe, die noch andere Weingüter besitzt.

Die Rebfläche der Champagne ist etwas über zwei Mal so gross wie die Rebfläche der Schweiz. Kultiviert werden hier die drei Hauptsorten Chardonnay, Pinot Noir und Pinot Meunier, aus denen der Champagner – der König der Schaumweine – vinifiziert wird. Champagne Pommery mit Sitz in Reims ist eines der bekanntesten Häuser der Welt.

Wie gerne trinke ich ein Glas Champagner – immer wieder. Denn kein anderer Wein löst bei mir derart festliche Gefühle aus wie der Champagner. Natürlich hat das auch mit seinem erfrischenden Geschmack und den feinen CO_2-Bläschen zu tun, die den Gaumen im Nu wachprickeln, aber nicht nur. Denn kein anderer Schaumwein geniesst den selben Luxusstatus wie der Champagner – der aromatisch nicht generell besser ist als die restlichen Schaumweine der Welt. Und von denen gibt es viele. Ein paar zentrale Faktoren haben dazu geführt, dass Champagner seinen unangefochtenen königlichen Status besitzt. Erstens war er der erste. Im 17. Jahrhundert stellte König Louis XIV diesen damals gerade erfundenen Wein unter seinen persönlichen Schutz. Er wurde an seinem Hof exzessiv ausgeschenkt und die Aristokratie erfreute sich am prickelnden Rausch.

Zweitens wurde das Getränk schon früh in andere Länder exportiert und an anderen Höfen eingeführt, sodass Champagner schnell zum Getränk der Aristokratie avancierte. Sehr für die Bekanntheit des Champagners war beispielsweise der französische Dichter Charles de Saint-Évremond verantwortlich. Als Gast von König Charles II von England führte er im Jahr 1661 Fässer aus der Champagne ein, die einen mehr oder weniger schäumenden Wein enthielten. Dieser perlende Wein kam im Nu an und wurde schnell zum Trinkhit. Auch heute noch ist England übrigens einer der wichtigsten Champagnermärkte nach Frankreich und den USA.

Neben seinem Image als Luxusgut geniesst der Champagner den Ruf, der «König der Weine» zu sein. Sein delikates Prickeln ist eine Gaumenfreude und sein Genuss Vitamine für die Lebensgeister.

Die Domaine Pommery in Reims ist bereits von weitem wegen ihrer hellblauen Farbe zu sehen. Ihr Ursprung geht auf das Jahr 1868 zurück. Damals begann Madame Pommery mit dem Umbau der Crayres, der alten Kreidestollen unter der Kellerei.

Madame Pommery begründete eine neue Tradition: Sie benannte die Kellertunnel nach den grossen internationalen Städten, in die der Champagner bereits geliefert wurde. So heisst ein Tunnel auch «Zurich».

Zwei weitere Punkte sind für den seit über 300 Jahren anhaltenden Erfolg verantwortlich. Kein anderer Weinmarkt zelebriert einen derartigen Protektionismus wie die Champagne. Mit allen Mitteln wird die Marke Champagne, die jährlich rund 4,7 Milliarden Euro einbringt, geschützt. Investiert wird in aufwendige Kampagnen gegen alle, die nicht aus der Champagne sind und trotzdem in irgendeiner Form vom luxuriösen oder zumindest wertsteigernden Image des Brand «Champagne» profitieren wollen. Auch die Westschweizer Weinbaugemeinde Champagne geriet in Konflikt mit der französischen Champagne.

Der letzte und aktuellste Punkt ist die enge Verbindung zur Luxusindustrie. Auch wenn in der Champagne 15 700 Winzer arbeiten und es über 300 Champagnerhäuser gibt, wird der Markt von ein paar wichtigen Marken dominiert. Die bekannteste ist Möet & Chandon, die nicht nur den Kultchampagner Dom Pérignon produziert, sondern auch Scarlett Johansson oder Roger Federer als Markenbotschafter gewinnen konnte.

Links: Die Kathedrale von Reims zählt zu den bedeutendsten Kirchenbauten in ganz Frankreich.
Sie diente über Jahrhunderte hinweg als Krönungshaus für Könige.
Grund dafür war die im 5. Jahrhundert stattfindende Taufe des Frankenkönigs Chlodwig I. durch den hl. Remigius mit angeblich vom Himmel herabgesandtem Öl. Fortan nahm sich der Reimser Erzbischof das Recht heraus, in seiner Kathedrale alle neuen Könige zu salben.

Die Aufgabe des Kellermeisters ist es, den Stil des Hauses Pommery sicherzustellen und dabei auch den Zeitgeist der heutigen Weinliebhaber zu treffen.

Weitere Topbrands sind Veuve Clicquot, Ruinart, Laurent-Perrier, Mumm oder Pommery, um ein paar zu nennen. Ihre Gemeinsamkeit ist, dass sie ihre Produkte immer mit Kultur-, Mode- oder Luxusindustrie-Themen liiert haben. So auch das Haus Pommery, das der Vranken-Pommery-Gruppe angehört und vom Selfmademan Paul-François Vranken geführt wird, der für sein Lebenswerk immer wieder ausgezeichnet wird. Der gebürtige Belgier hat nämlich mit Vranken-Pommery in nur einer Generation ein imposantes Champagnerimperium geschaffen.

Oben: Beim Degorgieren wird das Hefedepot gefroren, sodass es beim Öffnen der Flasche in einem Stück herausgeschleudert wird. Oliver Ducas hat für uns eine Methusalem-Pommery-Flasche abgefüllt. Sie enthält acht 7,5-dl-Flaschen, also sechs Liter Champagner.
Rechts: In den Kellern von Pommery stehen diese enorm grossen Tanks. Es braucht zwei Tage, um sie zu füllen, und zwei Tage, bis sie wieder leer sind. Eine Cuve fasst 370 000 Liter.

2002 hat er unter anderem Champagne Pommery erworben, dessen Gründung auf das Jahr 1836 zurückgeht. Richtig bekannt wurde Pommery erst, als Monsieur Pommery am 18. Februar 1858 verstarb und Madame Pommery mit ihrer damals einjährigen Tochter Louise das Unternehmen übernahm. Ihr Credo war: «Qualité d'abord», also «Qualität hat Vorrang». Nach diesem Motto baute sie das Unternehmen auf und konzentrierte sich dabei stark auf den englischen Markt. Ihr Ziel war es, einen möglichst feinen und trockenen Stil zu produzieren, was damals gar nicht so üblich war, denn in der Regel enthielten Weine zu jener Zeit bis zu 150 Gramm Zucker pro Liter. Ihr 1874er sollte ein legendärer Jahrgang werden. Er eroberte das viktorianische London im Sturm, zumal er eine Dosage von nur 6 bis 9 Gramm

Wenn der Kronkorken entfernt wird, presst der Druck des Champagners das gefrorene Depot heraus.

Zucker pro Liter enthielt. Mit diesem Wein war der «Brut»-Champagner, also der trockene Champagner geboren. Der Begriff Brut wird heute von allen anderen Champagnern ebenfalls verwendet, um die Stilistik des abgefüllten Schaumweins zu erklären. Auch wichtig für Pommery war der damalige Kauf von 120 Kalkschächten aus römischer Zeit.

Sie befinden sich inzwischen unter dem Hauptsitz in Reims und gehen 30 bis 40 Meter tief in die Erde, sind miteinander verbunden und bilden ein 18 Kilometer langes Netzwerk von Stollen, in denen der Champagner lagert und reift. Nicht ganz alleine, denn unter dem Motto «Gigantesque – Experience Pommery» waren die Stollen bei unserem Besuch auch Ausstellungsort für zahlreiche Kunstwerke zeitgenössischer Künstler. So etwa die bunten Plastikgirlanden des koreanischen Künstlers Choi Jeong Hwa, die die Gänge verzierten, oder die Riesengummistiefel der französischen Künstlerin Lilian Bourgeat.

Als wir Pommery besuchten, war Thierry Gasco noch Chef de Cave. Einen Wein zu vinifizieren war für ihn kein Beruf, sondern eine Passion, die er schon sein Leben lang auslebte. Wir haben stundenlang mit ihm Champagner verkostet und dabei viel über die Philosophie der Champagnerkreation gelernt. Seit 1992 arbeitete er in dieser Funktion für das Haus und produzierte vom Basis-Champagner Brut Royal über die Jahrgangsabfüllungen bis zu den Topweinen Cuvée Louise, Cuvée Louise Brut Natur, Cuvée Louise Rosé und Les Clos Pompadour. Das sind nicht wenige Flaschen – die Rede ist von etwa vier Millionen pro Jahr. Eine seiner neusten Kreationen war der Royal Blue Sky – ein Champagner, den man on the rocks

Die illustren 20-cl-Pop-Flaschen sind ein absoluter Renner. Erstmals wurden sie 1999 lanciert.

Paul-François Vranken, Gründer des Champagnerunternehmens Vranken-Pommery Monopole genoss mit uns ein Glas Pommery Royal Blue Sky. Der gebürtige Belgier hat in nur einer Generation ein imposantes Champagner-Imperium geschaffen.

geniesst, also auf Eis. «Royal Blue Sky ist eine neue Freiheit. Sie ist wohl unkonventionell, aber rein. Die Eiswürfel schmelzen, aber der Geschmack bleibt», betonte er. Wichtig ist auch das richtige Glas. Es muss grösser und bauchiger sein mit einer weiten Öffnung, damit genug Eiswürfel darin Platz haben. Wir haben diese Neuheit zusammen mit Paul-François Vranken genossen und stellten schnell fest, dass dieser Erfrischungsdrink gefährlich süffig ist.

Madame Veuve Pommery war nicht nur Geschäftsfrau, sondern auch sozial stark engagiert. Sie gründete eine «Rentenkasse» und eine «Sozialversicherung» für ihr Personal und die Stadt Reims verdankt ihr ausserdem ein Waisenhaus und eine «Kasse für Mutterschaftshilfe».
Sie unterstützte Künstler, allen voran diejenigen ihrer Heimatstadt. Sie vermachte dem Museum von Reims ihre 600 Teile umfassende Fayencerie-Sammlung und schenkte dem französischen Staat die «Ährenleserinnen» von Jean-François Millet, ein Gemälde von 1957, das heute im Musée d'Orsay in Paris zu sehen ist. Getreu ihrem Credo «Alles, was man mit Arbeit erreichen kann, ist gut» übernahm sie mit ihrem Unternehmen auch die Aufgaben einer Mäzenin. Persönliches Engagement, das ein gewisses Risiko in Kauf nimmt – das war zu jener Zeit ungewöhnlich, ganz zu schweigen vonseiten einer Frau. Doch die Witwe Pommery war nicht die einzige starke Frau in der Champagne. Auch andere Häuser haben ihren Ruhm starken Frauen zu verdanken. So etwa Veuve Clicquot mit Madame Barbe-Nicole Clicquot-Ponsardin, Roederer mit Camille Orly-Roederer, Bollinger mit Lily Bollinger oder ganz aktuell Duval-Leroy mit Carol Duval-Leroy oder Laurent-Perrier mit Alexandra Pereyre de Nonancourt und Stéphanie Meneux de Nonancourt.

Rechts oben: Das bauchige Glas wird halb mit Eiswürfeln gefüllt, dann kommt der leicht süssliche Champagner hinein. Vorsicht: Dieser Drink ist gefährlich süffig. Rechts unten: Beim direkten Vergleich der verschiedenen Champagner entdeckt man die aromatischen Unterschiede perfekt.

Die Welt der Champagne ist endlos gross und endlos schön. Sie ist jahrhundertealt, geprägt von der europäischen Geschichte und nach wie vor ein Symbol für den önologischen Erfolg gewisser französischer Weinbauregionen. Die Champagne ist aber auch eine Welt der Kontraste – der Familienbetriebe und der Grosskonzerne, der unbekannten Marken sowie der Luxusmarken, die jedoch alle vom übergeordneten Brand «Champagne» profitieren. Kein Champagner ist günstig, alle haben ihren stolzen Preis und einige kosten fast schon unverschämt viel. Das ist möglich, weil der Champagner eine Art Symbiose zwischen Wein und Statussymbol ist. Beim Genuss eines Schlucks Champagner sollte man jedoch immer bedenken, dass der Wein einen sehr aufwendigen Produktionsprozess hinter sich hat, der bei einem Jahrgangschampagner mindestens drei Jahre dauert – wenn nicht sogar viel länger. So wie Bordeaux Vorbild für eine Vielzahl grosser Rotweine der Welt ist, so ist es der Champagner für andere in der Flasche vergärte Schaumweine. Und gerade als wir in der Champagne über die historische Wichtigkeit des Champagners diskutierten, musste ich an eine Weisheit von Lily Bollinger aus dem Jahre 1961 denken. So soll sie gesagt haben: «Ich trinke Champagner, wenn ich froh bin und wenn ich traurig bin. Manchmal trinke ich davon, wenn ich alleine bin, und wenn ich Gesellschaft habe, dann darf er nicht fehlen. Wenn ich keinen Hunger habe, mache ich mir mit ihm Appetit, und wenn ich hungrig bin, lasse ich ihn mir schmecken. Sonst aber rühre ich ihn nicht an, ausser wenn ich Durst habe.»

Vor allem die grossen Champagnerhäuser lancieren regelmässig neue, trendige Weine. Pommerys Royal Blue Sky ist ein köstlicher Champagner. Oben rechts: Das bauchige Glas für den Genuss on the rocks.

Fotos Philipp Rohner

EXPERIENCE
POMMERY
CHAMPAGNE
POMMERY

POMMERY
GRAND CRU
ROYAL
CHAMPAGNE
POMMERY
A REIMS-FRANCE
POMMERY
CHAMPAGNE
POMMERY
A REIMS-FRANCE
CHAMPAGNE
POMMERY
Louise
2004
CHAMPAGNE
POMMERY
Louise
2004

MASI – VON RIPASSO BIS AMARONE

Amarone ist einer der bekanntesten und beliebtesten Weine aus Italien. Besonders in der Schweiz gehört Amarone zu den Topsellern des Italiensortiments. Vinifiziert wird er primär aus den Sorten Corvina, Rondinella und Molinara, die vor dem Pressen angetrocknet werden. Heimat des Amarone ist das Gebiet Valpolicella bei Verona, wo auch der Betrieb Masi zu Hause ist.

Das Valpolicella-Gebiet liegt in Norditalien zwischen dem Gardasee und Verona und umfasst rund 8000 Hektaren. Die Familie Boscaini produziert seit 1772 Wein im Valpolicella. Damals erwarb sie einen Rebberg in einem kleinen Tal namens Vaio di Masi und legte den Grundstein für ein Weingut, das heute weltweit zum Begriff für Amarone und Ripasso geworden ist – Masi. Der Familienbetrieb ist auch so faszinierend, weil die Weine in rund 100 Länder exportiert werden.

Das Schöne an klassischen Weinbauregionen ist, dass sie ganz spezielle Weintypen besitzen, die bezeichnend für sie sind und die oftmals nirgendwo anders so genannt werden dürfen. Ich denke beispielsweise an das Chianti mit dem Chianti Classico, die Champagne mit dem Champagner, das Wallis mit dem Fendant, das Piemont mit dem Barolo – um einige von vielen zu nennen. In Valpolicella ist einer der populärsten Italiener zu Hause: der Amarone. Jährlich werden rund 14 Millionen Flaschen produziert, von denen etwa 65 Prozent exportiert werden. Tendenz steigend, denn der Amarone della Valpolicella ist inzwischen ein önologischer Star. Seine süss-fruchtige, ja manchmal sogar schokoladig-rosinierte Aromatik hat dem Zeitgeist schon vor vielen Jahren entsprochen, als der Primitivo-Boom aus Süditalien noch fern war. Interessant ist, dass Amarone kein günstiger Wein ist. Im Gegenteil. Auch wenn sich der grossen Nachfrage wegen die Produktion in den letzten 15 Jahren verdreifacht hat, kostet ein Basiswein immer noch zwischen 20 und 30 Franken. Denn er hat es wie der Champagner geschafft, dass der Genuss dieses Weins immer mit etwas Speziellem in Verbindung gebracht ist–und sei es, dass man einfach den Moment feiert und etwas spezieller werden lässt. Vielleicht hat dies auch mit seiner Entstehungsgeschichte zu tun.

Blick aus einem von vielen Häuschen, in denen die Trauben auf verschiedenen Stockwerken zum Trocknen ausgelegt werden. Die Fenster sind offen, damit der Wind gut durchblasen kann.

Denn lange bevor es hier den Amarone gab, wurde von den Römern ein Wein vinifiziert, den sie Retico nannten. Seine Kreation ist der Weiterentwicklung des Recioto, eines der ältesten Weine Italiens, zu verdanken. Im 4. Jahrhundert nach Christus beschrieb Cassiodorus, ein Minister Theoderichs des Grossen, König der Ostgoten, in

Vom Urbeginn der Schöpfung ist dem Wein eine Kraft beigegeben, um den schattigen Weg der Wahrheit zu erhellen.

VIGNETO
MAZZANO
PROGETTO UVE DI QUALITÀ
GRUPPO
TECNICO
MASI

Raffaele Boscaini erklärte mir, dass die Amarone-Sorten Corvina, Molinara und Rondinella zusammen vinifiziert wie ein Orchester harmonieren.

einem Brief einen Wein, der dank einer speziellen Methode erzeugt wurde, bei der die Trauben getrocknet wurden. Man nannte ihn «Acinatico» und er stammte aus dem Valpolicella-Gebiet. Überlieferungen zufolge stammt dieser Name übrigens aus dem Lateinischen «Vallis Polis Cellae» und könnte «Tal der vielen Keller» bedeuten. Ursprünglich war er süss, da die Trauben angetrocknet wurden. Richtig populär wurde diese Methode aber erst im 20. Jahrhundert, als die Bauern für die Festtage oder zum Feiern einen Wein vinifizierten, der aus getrockneten Trauben stammte. Nach dem Zweiten Weltkrieg lernte man, ihn durchzugären und im Holzfass lagern zu lassen, was ihn bitterer werden liess (also «più amaro»), aber auch komplexer. Seither wird vom Amarone gesprochen.

Ich habe diesen Wein dank Italiens grossem Dichter und Philosophen Dante Alighieri (1265–1321) kennengelernt – vor vielen Jahren, als Wein für mich einfach ein spezieller Genuss war und ich damit begann, die Klassiker der italienischen Literatur zu studieren. Denn auf dem Weingut von Conte Pieralvise di Serego Alighieri lebten die direkten Nachfahren dieses grossen Literaten des europäischen Mittelalters – inzwischen ist es die 21.

Schon beim Begriff Amarone läuft einem das Wasser im Mund zusammen. Dieser norditalienische Wein inspiriert zahlreiche Winzer aus aller Welt.

Unten rechts: Die Familie der Contessa Marie José Bossi Fedrigotti vinifiziert seit 1697 Wein und gehört zu den ganz alten Weinfamilien Italiens.
Unten links: Elisa Venturini ist die Presseverantwortliche bei Masi Agricola. Sie hat uns auf der Reportage begleitet und ihre dynamische und fröhliche Art war schlicht ein Genuss.

Generation. Mit der «Göttlichen Komödie» im Gepäck reiste ich damals zum Grafen und mit einer Kiste Amarone und dem Wissen, dass sich im Castello noch weitere, bisher unentdeckte Teile von Dantes Manuskript befänden, zurück.
Inzwischen ist der Wein ausgetrunken und das Weingut von Masi betreut, aber der Graf lebt mit seiner Tochter immer noch dort – etwas grauer sein Haar, aber seine Passion für diesen grossen italienischen Wein ungebrochen – ebenso der Glaube an das verborgene Manuskript.

Auch die Familie Boscaini blickt auf eine lange Weintradition zurück. Sie startet etwa 400 Jahre später, ist aber für das Weinbaugebiet Valpolicella unglaublich wichtig und prägend. Federführend ist dabei Sandro Boscaini, dessen Weingut Masi Agricola zu den bekanntesten Häusern der Region gehört. «Mister Amarone» hat sein Leben für die Weinkultur dieser Region eingesetzt und Weine kreiert, die heute Weltruhm geniessen. So etwa den bekannten Campofiorin, den ersten Ripasso der Region.

Lanciert wurde der erste Jahrgang 1964, als in Italien neue Produkte wie die Vespa, Nutella, der Fiat 500 und der Kühlschrank auf den Markt kamen. Der Campofiorin ist eine Vermählung eines einfachen Valpolicella und eines komplexen Amarone.

Das Besondere am Amarone ist, dass er nicht aus frischen, sondern aus angetrockneten Trauben erzeugt wird. Das heisst: Die Trauben werden im September geerntet und dann auf einem gut belüfteten Speicher unter dem Dach eines Hauses hoch in den Hügeln auf Strohmatten oder in flachen Holzkisten ausgelegt. Das Wasser in den Beeren verdunstet, die Trauben schrumpeln. Wenn sie fast wie Rosinen aussehen, werden sie abgepresst und vergoren. Das ist meist um Weihnachten herum. Der wenige Saft, der dann noch in den Beeren enthalten ist, ist extrem zuckerreich und aromatisch. Entsprechend viel Alkohol hat der Wein nach Abschluss der Gärung. Er lagert anschliessend mindestens noch zwei Jahre im Holzfass, bevor er abgefüllt wird. Bei den Trauben handelt es sich primär um Corvina, Rondinella und Molinara.

In den letzten 20 Jahren hat sich die Amarone-Produktion vervierfacht. Verändert und vereinfacht hat sich auch der Produktionsprozess: Während früher die Trauben nur in den Dachstöcken der Kellereien zum Trocknen ausgelegt wurden und der Trockenprozess vom Wetter abhängig war, haben die Winzer inzwischen zahlreiche temperaturkontrollierte Lagerhallen gebaut, in denen sie die Trauben problemlos trocknen können. Auch werden inzwischen mechanische «Grossföhn»-Maschinen eingesetzt, die die Trocknungszeit verkürzen.

Beim Appassimento schrumpfen die Trauben langsam ein und verlieren bis zu 40 % ihres Gewichtes.

Die drei Traubensorten Corvina, Rondinella und Molinara sind die Basis eines jeden Amarone. Bei Masi wird zudem die Sorte Oseleta verwendet.

SerègoAlighieri
SerègoAlighieri
SerègoAlighieri
SerègoAlighieri

Solche Veränderungen führen auch zu Konflikten, denn man findet heute auf dem Markt zahlreiche Weine, auf denen «Amarone» steht, die aber ganz unterschiedlich produziert worden sind – ganz zu schweigen davon, dass sie unterschiedlich viel kosten. Neue Produzenten lancieren neue Produkte, die auch stilistisch in andere Richtungen gehen. Dem blickt auch Boscaini sorgenvoll entgegen und die klaren Definitionen eines DOC- und DOCG-Weines passen sich laufend den Entwicklungen der Region an. Das Umgekehrte wäre eigentlich richtig – dass sich die Region den DOCG-Regelungen anpasst –, aber das ist eine andere Geschichte. Fest steht, dass Amarone generell das Herz von Weingeniessern höher schlagen lässt, sie aber nicht sofort erkennen können, ob er von einem Traditionalisten oder einem Modernisten produziert worden ist.

«Die Generation meines Grossvaters, und noch davor, lernte immer von Jahrgang zu Jahrgang, was man verbessern konnte. Ich hatte das Glück, von meinem Vater zu lernen, und dieses Wissen hilft uns heute sehr, zumal man auch die nächsten Schritte vorhersehen kann. Unsere Region ist wohl modern geworden, in ihr schlägt jedoch ein antikes Herz», erklärt Sandro Boscaini, der nicht das einzige Familienmitglied auf dem Weingut ist. Seine Kinder Raffaele und Alessandra arbeiten mit, genauso wie seine Brüder Bruno und Mario mit den Neffen Anita und Giacomo.

Links: Massimilla, die Tochter des Conte Pieralvise di Serego Alighieri, lebt ebenfalls auf dem Weingut.

Die Passion für Wein hat die Familie auch in andere Regionen reisen lassen. So etwa in die Toskana, wo zusammen mit Conte Alighieri das Weingut «Poderi del Bello Ovile» erworben wurde, oder nach Argentinien, wo im Tupungato-Tal Malbec und Torrontés 100% biologisch kultiviert

Masi ist weltweit für seine Appassimento-Weine bekannt, besitzt aber auch andere Weingüter auf der Welt.

werden. Eine Traube, die Sandro Boscaini in den letzten Jahren besonders ans Herz gewachsen ist, ist die Oseleta. Er mischt sie schon dem Amarone bei und vinifiziert daraus auch einen reinen Wein. Es handelt sich dabei um eine autochthone Sorte, die nach der Reblausplage am Ende des 19. Jahrhunderts fast ausgestorben ist. Mit seiner Passion für diese Sorte liegt er erneut im Zeitgeist. Denn limitierte Weine aus ganz speziellen Sorten, die absolut nicht dem universellen Weingeschmack entsprechen, sind populär wie nie.

Doch zurück zum Amarone. Ein Grund, warum er so populär geworden ist, ist sicher auch, dass er kulinarisch sehr vielfältig einsetzbar ist – vom deftigen Gericht bis zur Schokolade. Ganz zu schweigen vom philosophischen Gespräch. Und das können nicht viele Weine – schon gar nicht Rotweine. Interessant ist weiter, dass Weinkenner dem Amarone etwas skeptisch gegenüber stehen. Dazu Boscaini: «Ein Kenner sucht in einem grossen Wein immer die Aromen, die er von einem grossen Bordeaux oder einem Cabernet Sauvignon aus Napa kennt. Amarone ist aber ein historischer Wein und man muss seine Geschichte kennen. Ein Wein-Newcomer verliebt sich meist sofort in die Aromatik des Amarone.»

Raffaele Boscaini kontrolliert, ob die für die Produktion des Amarone verwendeten Trauben auch schön und gesund sind. Denn nur solche Trauben werden in den gut belüfteten Lattengestellen ausgelegt.

Fotos Jacopo Salvi

MASI
MASI

Raffaele und Sandro Boscaini, die Besitzer von Masi, haben mir ausführlich die aufwendige Produktion von Amarone- und Ripasso-Weinen erklärt. Im Keller ruhen noch zahlreiche alte und historisch wichtige Jahrgänge.

SILVIO DENZ – PASSION IN BORDEAUX

Manche Weinpersönlichkeiten kommen ursprünglich nicht vom Wein her – Silvio Denz ist ein solcher Fall. Er ist zu Hause, wo er seinen Koffer abstellt, und bringt alles zum Blühen, was er anpackt. Wir haben den Schweizer Unternehmer und Weinaficionado in Bordeaux auf Château Faugères besucht.

Bordeaux setzt sich heute aus rund 150000 Hektaren Rebbergen zusammen und ist die wichtigste Weinbauregion Frankreichs in Bezug auf die Produktion von Qualitätsweinen, deren Spitze weltweit zur Elite gehört. Bei den roten Bordeaux kommen primär die Sorten Cabernet Sauvignon, Merlot und Cabernet Franc zum Einsatz. Bei den Weissweinen sind es Sémillon und Sauvignon Blanc. Bordeaux ist aber auch ein verwirrender Weinbegriff – zumal der Name die Weinregion in Südwestfrankreich, die grösste Stadt in diesem Gebiet sowie die Weine aus dieser Region bezeichnet.

Bordeaux ist das Mekka der Weinwelt. Der Name dieser Region regt zum Träumen an und hat die Aura einer starken Marke, ähnlich wie etwa Champagner oder kubanische Zigarren.

Bordeaux und noch mehr Saint-Émilion sind weltweit vor allem für Weine bekannt. In den letzten Jahren fand in diesen historischen Städten im Südwesten Frankreichs ein wahrer Gastro-Boom statt. Man muss also nicht zwingend ein Weinliebhaber sein, um hierhin zu reisen, zumal der Genuss überall im Mittelpunkt steht. Seit 2007 ist die Altstadt von Bordeaux, der sogenannte «Hafen des Mondes», UNESCO-Kulturerbe. Das Weinbaugebiet Saint-Émilion und die gleichnamige Stadt liegen im Osten der Region Bordeaux am rechten Ufer des Flusses Dordogne und gehören bereits seit 1999 zum UNESCO-Kulturerbe. Wein wurde hier schon zur Zeit der römischen Herrschaft angebaut und ist dann über die Jahrhunderte dank den Mönchen weiterkultiviert worden. Im Mittelalter wurden die Grundsteine für dieses Weingebiet gelegt, das auch heute noch weltweit als önologisches und kommerzielles Vorbild für zahlreiche Winzer und Weinproduzenten gilt. Damals richtete Bordeaux unter anderem ein Monopol für die Produktion und den Verkauf von Weinen nach Grossbritannien ein; 1199 wurde dann die Jurade de Saint-Émilion als erste von 18 Weinbruderschaften ins Leben gerufen.

> Bordeaux ist eine der weltweit wichtigsten Weinbauregionen. Ihre Weine inspirieren Winzer weltweit.

Einen Bordeaux zu öffnen ist immer wieder etwas Spezielles – auch für Silvio Denz. «Mein grosser Favorit der Weinwelt ist Bordeaux. Ich habe in meinem Leben schon sehr viele Weine aus aller Welt verkostet und

Der Schweizer Stararchitekt Mario Botta hat den Weinkeller von Château Faugères kreiert.

Saint-Émilion ist unweit des Château. Die UNESCO-geschützte Weinstadt erzählt von der reichen Weingeschichte der Region.

bin immer wieder auf Bordeaux zurückgekommen.» Einzigartig ist auch, was Denz erreicht hat. Das hat nicht zuletzt damit zu tun, dass Silvio Denz ein ansteckend aktiver Macher ist, der anzupacken weiss. Daher hat es uns auch ganz besonders gefreut, dass er sich für unseren Besuch so viel Zeit genommen hat. Wir waren zusammen auf Chateau Faugères und Château Rocheyron in Saint-Émilion, aber auch auf Château Lafaurie-Peyraguey in Sauternes, das etwa eine Stunde entfernt liegt, und verkosteten zusammen zahlreiche Weine seiner Güter sowie anderer bekannter Châteaux.

Silvio Denz ist ein Macher und seine Energie ist ansteckend. Auch arbeitet er gerne mit den Besten ihres Faches zusammen.

Als ich Silvio zum ersten Mal in Zürich traf, hatte ich natürlich bereits sehr viel von ihm gehört, denn wie Roger Federer ist auch er ein Vorbild für Schweizer Unternehmertum mit einmaliger Erfolgsbilanz. Kreativität, Effizienz, Präzision, Charme und unermüdlicher Einsatz ist sein Credo, wie auch die Zusammenarbeit mit den Besten der Branche. Namen wie Peter Sisseck (der Vater von Pingus, Spaniens teuerstem Wein), Michel Rolland (der weltweit bekannteste Weinconsultant, der eng mit Robert Parker zusammengearbeitet hat), James Suckling (einer der drei wichtigsten Weinkritiker der Welt) oder Denis Dubourdieu (Professor für Önologie in Bordeaux und grosser Weissweinproduzent, der leider inzwischen verstorben ist) gehören zum Kreationsprozess von Silvio Denz. Er muss nicht alles selber umsetzen können, sondern arbeitet dafür lieber mit den Besten ihres Metiers.

Auch geht er gerne neue Wege. Nur weil etwas immer so war, heisst dies für Silvio noch lange nicht, dass es auch immer so bleiben muss. Das hat im Fall seiner Weingüter in Bordeaux sicher auch damit zu tun, dass er erst vor wenigen Jahren in dieses traditionsreiche Weingebiet, dessen Klassifikationssystem auf das Jahr 1855 zurückgeht, eingestiegen ist.

Er war also nicht belastet mit einem alten Château, dafür umso motivierter, Altes auf Vordermann zu bringen und neu aufblühen zu lassen. Das ist natürlich nicht ganz einfach. So erklärte er uns: «In Bordeaux ist man viel skeptischer.

Rechts: Wir verkosten zusammen mit Silvio Denz zahlreiche Weine aus seiner Produktion, aber auch andere grossartige Bordeaux – natürlich immer aus dem 100-Punkte-Lalique-Glas von James Suckling.

Die Nachbarn reagieren ablehnender auf alles Fremde und Neue und Veränderungen sind nicht wirklich willkommen. In Bordeaux sind die Vorschriften in Bezug auf Rebsorten, Weinanbau und Kelterung viel strikter als beispielsweise in Spanien oder Italien. Auch haben Ratings und insbesondere Parker-Noten in Bordeaux einen grossen Einfluss auf die Weinpreise.»

Angefangen hat alles mit Château Faugères in Saint-Émilion. Der Schweizer Stararchitekt Mario Botta baute für ihn den Keller, die «Kathedrale des Weins», und zwar nicht so, dass sie optisch ins historische Landschaftsbild von Saint-Émilion passen würde. Ganz im Gegenteil. Gebaut wurde ein ultramodernes Gebäude mit einem stilisierten Cocktailglas als optischem Fangpunkt – ein Design, das übrigens auch auf den Flaschen des 2016er Château Faugères abgebildet ist. Im Gebäude selber befindet sich ein moderner Keller, der mit allem ausgerüstet ist, was in Bordeaux für die Produktion von Spitzenweinen nötig ist. Alles ist durchdacht und nichts wird dem Zufall überlassen. Seit einigen Jahren wird zudem nachhaltig gearbeitet, stets mit beratender Unterstützung des Önologen Michel Rolland. Château Faugères ist umgeben von Merlot-, Cabernet-Sauvignon- und Cabernet-Franc-Rebstöcken. Es befindet sich fünf Minuten entfernt vom weltbekannten Château Pavie und etwa 15 Minuten von der Altstadt von Saint-Émilion. Seit 2012 darf sich Château Faugères Grand Cru Classé nennen, was ein Indiz für seine Qualität ist. Die Trauben gedeihen hier übrigens auf dem bekannten Kalkplateau der Region, das vor allem für Merlot-Rebstöcke ideal ist.

Auch in Sauternes ist Silvio Denz dabei, mit Château Lafaurie-Peyraguey einen neuen Trend auszulösen. Die Weinregion Sauternes liegt im Süden des Bordelais und ist komplett vom Weinbaugebiet Graves umschlossen. Sauternes hat einen Durchmesser von sechs Kilometern und ist somit also eher klein. Dennoch muss Sauternes gesondert herausgestellt werden, da hier einer der berühmtesten weissen Süssweine überhaupt entsteht. Die Appellation erstreckt sich über vier Dörfer südlich des Bachs Ciron. Das stets kühle Flüsschen fliesst in das wärmere Wasser der Garonne. Durch den Temperaturunterschied der beiden Gewässer bildet sich im Herbst leicht Nebel, der die Entstehung des Fäulnispilzes Botrytis cinerea an den Trauben begünstigt.

> Die Weinkellerei ist für Bordeaux optisch sehr modern. Auch sieht man sie bereits von weitem aus den Weinbergen ragen.

Dank dieser Edelfäule konzentriert sich der Zucker in den Trauben, aus denen anschliessend die weltbekannten Sauternes-Süssweine vinifiziert werden können. Bei den Trauben handelt es sich primär um die Weissweinsorten Sémillon und Sauvignon Blanc.

2014 hat Denz Lafaurie-Peyraguey erworben. Nicht, um wie bis anhin nur den gleichnamigen bekannten Süsswein aus edelfaulen Trauben zu produzieren, sondern um etwas Neues und Zeitgemässes zu kreieren. Für Denz geht es klar um die Produktion von trockenen Weissweinen in Topqualität. «Sauternes ist wohl weltbekannt, aber seit über 20 Jahren steckt die Region in einer Krise. Auch wenn die Süssweine aus Sauternes und Barsac von hochwertiger Qualität sind, passen sie nicht wirklich in das Genussmenü heutiger Weingeniesser. Trockene Weissweine hingegen schon», erklärt Denz, der uns auch gezeigt hat, dass ein süsser Sauternes wunderbar «on the rocks», also mit Eiswürfeln, schmecken kann. Das Eiswasser vermischt sich dabei mit dem nektarartigen Wein und macht ihn automatisch süffiger und bekömmlicher. Weitere Ideen, wie man in Zukunft Sauternes geniessen wird, lassen sicher nicht lange auf sich warten.

Und überhaupt will er das Kulturgut Sauternes neu aufblühen lassen. Dazu hat er das Château Lafaurie-Peyraguey komplett aushöhlen lassen. Entstanden ist ein kleines Luxushotel mit gehobener Gastronomie, das keine geringere als die Designerin Lady Tina Green kreiert hat. Es ist nicht das erste Projekt, das sie und Silvio umsetzen, denn zusammen haben sie bereits die Villa René Lalique im Elsass in ein Luxushotel mit Sternerestaurant verwandelt.

Wenn man von Bordeaux und dem Erfolg dieser Weinbauregion spricht, kommt man nicht darum herum, neben der langen Geschichte auch die En-Primeur-Verkostungen zu erwähnen. Die Idee hinter den En-Primeur-Verkostungen ist der Verkauf und die Promotion des neuen Bordeaux-Jahrganges zwei Jahre, bevor der Wein offiziell auf den Markt kommt. Sie sind weltweit ein einmaliger Event, der dafür gesorgt hat, dass eine überschaubare Anzahl Châteaux, beziehungsweise ihre Weine, zu Investitionsgütern geworden sind. Die En-Primeur-Verkostungen finden jeweils eine Woche vor Ostern

Der moderne Botta-Bau ist schon von weitem zu erkennen. Darin befindet sich die Kellerei von Faugères.

Am zweiten Tag unseres Besuches auf Château Faugères begann die Ernte. Unser Fotograf Philipp Rohner musste frühmorgens aufstehen, damit er dabei sein konnte, als die optimal reifen Trauben blitzschnell abgeschnitten wurden.

statt. Weinhändler, Weinjournalisten und Weingrössen aus aller Welt pilgern während dieser Zeit nach Südwestfrankreich, um einerseits den neuen Jahrgang zu verkosten und andererseits, um sich selber zu feiern und die Aristokratie des Weins zu treffen. Die Blüte dieses Events geht auf die 70er-Jahre zurück.

Damals konnten der Handel und die Spekulanten gutes Geld verdienen, wenn sie auf die richtigen Weine setzten und diese immer teurer verkauften, hatten sie einmal das Château verlassen. Das ist heute auch noch möglich, allerdings muss das Startkapital viel, viel höher sein, da die Preise der bekannten Châteaux generell massiv gestiegen sind. Zu den hochgehandelten Châteaux gehören zu 90% Häuser, die bereits seit der Klassifizierung von 1855 existieren.

Sie haben also eine Vorlaufzeit punkto Promotion und Bekanntheit von über 160 Jahren. Zu dieser Gruppe gehören Namen wie Château Mouton-Rothschild, Château Latour, Château Haut-Brion, Château Lafite-Rothschild, Château Pichon-Lalande, Château Cos d'Estournel oder Château Montrose, um ein paar wenige zu nennen.

Während unseres Aufenthaltes besuchten wir auch das historische Städtchen Saint-Émilion, das sich mit seinen zahlreichen Gässchen und historischen Bauten wie ein Gesamtkunstwerk präsentiert. Wo man hinschaut, wird Wein verkauft, zum Essen oder Verweilen animiert und an eine bewegte Geschichte erinnert. Eine Geschichte, die die Winzer stolz mit ihren Weinen weiterführen und in die Welt hinaustragen. Einige dieser Winzer und Winzerdynastien sind seit Jahrhunderten bekannt, andere, wie Silvio Denz, sind Newcomer, die jedoch alle an die Güte dieser UNESCO-geschützten Region glauben, die Weinliebhaber auf der ganzen Welt zum Träumen anregt. Oder wie Silvio Denz sagen würde: «Ich kreiere Emotionen.»

Château Péby Faugères wurde von Parker als «Legende der Zukunft» bezeichnet.

Fotos Philipp Rohner

CASTELLO COLLEMASSARI – MONTECUCCOS WEINOASE

Ich kann meine Liebe zu Italien nicht verbergen, denn ich finde hier endlos neue Weingeschichten. So wie die Geschichte der Geschwister Tipa-Bertarelli, die aus einer unbekannten Region eine Weinoase gezaubert haben.

Die Geschwister Maria Iris Bertarelli und Claudio Tipa sowie seine Frau Maria teilen eine Passion für Kultür, die Toskana und grosse Weine. In Montecucco, zwischen Grosseto und Siena, haben sie 1998 das Weingut Castello ColleMassari gegründet. Inzwischen gehören zur ColleMassari-Gruppe drei weitere Güter in der Toskana – eines exquisiter als das andere. Es sind Grattamacco in Bolgheri sowie Poggio di Sotto und Tenuta San Giorgio in Montalcino. Teil der Gruppe sind auch das Forum Bertarelli auf dem Weingut in Montecucco, die Fondazione Bertarelli sowie ColleMassari Hospitality.

Das Castello ColleMassari blickt auf eine lange Geschichte zurück. Der gleichnamige Wein kam erst vor kurzem dazu, als es 1998 von der Familie Tipa-Bertarelli erworben wurde.

Denkt man an die Toskana, denkt man primär an Gebiete wie das Chianti Classico, Montepulciano oder Bolgheri. Und Montecucco? Wahrscheinlich nicht im ersten Moment, denn Montecucco ist eine noch relativ junge Region, deren DOC-Status 1998 und deren DOCG-Status erst 2011 eingeführt worden sind. Das Weinbaugebiet befindet sich in der Maremma südlich von Montalcino. Für das Bekanntwerden der Region setzt sich vor allem eine Person ein – Claudio Tipa. Er und seine Schwester Iris Tipa-Bertarelli haben sich kurz vor der Jahrtausendwende in die Güte dieser Region verliebt und 1998 das Weingut Castello ColleMassari gegründet. Es ist allerdings nicht ein Weingut im herkömmlichen Sinne, sondern ein weitsichtig angelegtes Anwesen, das sich über mehrere Hügelketten zieht und diverse kulturelle, historische und önologische Aspekte beinhaltet.

Die Familie Tipa-Bertarelli liebt die schönen Künste und liebt es auch, diese zu bewahren. Und wenn es in Italien ein Zentrum der Kultur gibt, dann ist das die Toskana. Die Landschaft inspirierte mit ihren Weinbergen, Hügeln und Tälern, Zypressen und Olivenhainen über die Jahrhunderte Künstler von Michelangelo bis Leonardo da Vinci. Die Toskana zählt zudem zu den ältesten Weinbaugebieten Europas, da hier bereits die Etrusker um 1000 vor Christus Weinbau betrieben. Dank der politischen und wirtschaftlichen Bedeutung der Region, vor allem der Stadt Florenz, gewann auch der Wein einen noch wichtigeren Stellenwert, den er bis heute behalten hat. «Weinbau und Weinkultur gehören zur DNA der Toskana. Der Wein ist hier Teil einer langen Kultur und Tradition, gepaart mit der guten Küche,

Auf Castello ColleMassari scheint die Zeit stehen geblieben zu sein. Zelebriert wird hier die zeitlose Schönheit der Toskana.

Auf dem Anwesen von Castello ColleMassari gedeihen über 15 000 Olivenbäume, wobei die ältesten 900 Jahre alt sind. Für Claudio Tipa gehören sie wie die Weinreben zum Landschaftsbild der Toskana und sind gleichzeitig eine der wichtigsten Kulturpflanzen der Menschheit.

der Geschichte und den Bräuchen einer Bevölkerung, die eine enge Beziehung zu ihrem Boden und ihrer Herkunft hat. Unsere Philosophie gilt ganz dem Respekt und dem Schutz der Natur und der Umwelt», erklärte mir Claudio Tipa bei meinem ersten Besuch. Damals war ich Gast des Amiata Piano Festivals. Das Konzert fand an einem Augustabend im kühlen Weinkeller von ColleMassari statt – ein unvergesslicher Moment, wie sich die klassische Musik um die zahlreichen kleineren und grösseren mit Sangiovese gefüllten Fässer hüllte. Natürlich musste ich in einem solchen Moment daran denken, was wohl die Musik für einen Einfluss auf den Wein hat, wobei ich mir keine ernsthaften Sorgen machte, denn es ist nicht unüblich, dass Winzer ihre Weine mit sanfter Musik beschallen – manchmal sogar die Reben. Aber das ist ein anderes Thema. Den Namen hat das Festival übrigens vom Monte Amiata, einem erloschenen Vulkan, der sich unweit des Anwesens befindet. Der 1700 Meter hohe Kegelberg ist Ursprung zahlreicher Quellen und sein Name bedeutet so viel wie «geliebter Berg».

Der Betrieb von ColleMassari erstreckt sich über etwa 1200 Hektaren, von denen 110 mit Reben, 60 mit Oliven und 400 mit Mischkulturen bepflanzt sind. Der Rest ist Wald. Die steilen Weinberge, deren Neigung bis zu 15 % erreicht, werden nach den traditionellen Methoden des Cordon- oder des doppelten Guyot-Systems bewirtschaftet. Von Beginn an wurde auf ColleMassari nach den Grundsätzen des zertifizierten Bioweinbaus gearbeitet. Der Rebsortenspiegel umfasst primär Sangiovese, Ciliegiolo, Montepulciano und Cabernet Sauvignon bei den Roten sowie Vermentino und Grechetto bei den Weissen. Besonders optimal ist die Kelleranlage, deren vertikale Struktur den Verzicht auf Pumpsysteme und die Nutzung des natürlichen Gefälles für

Die Weine von ColleMassari sind voller Eleganz, Balance und Finesse.

die Verarbeitung von Trauben und Wein erlaubt. Nicht weniger beeindruckend ist der Fasskeller, der eine ganze Reihe von Fasstypen enthält, von der französischen Barrique bis zum 4000-Liter-Fass aus slawonischer Eiche.

Die Kellerei wurde 2014 vom Gambero Rosso zur Kellerei des Jahres gekürt – verständlich, denn was Claudio Tipa und sein Team auf die Beine gestellt haben, ist einmalig. Ihre Weinpalette ist nicht gross, aber sie zelebriert das Zeitlose klassischer Weine. Also eine Weinkultur, die gerade heutzutage gerne etwas verloren geht. Wenn ich solche Weine verkoste, weiss ich, warum ich in meinem Alltag mit Wein zu tun habe, denn was hier produziert wird, ist wie flüssige klassische Musik. Claudios Weine erzählen Geschichten und wollen, dass man ihnen zuhört. Es sind keine protzigen Weine, sondern solche, die eher auf Eleganz, Balance und Finesse setzen. Kurz: ein Muss für Kenner und ein sicherer Wert, wenn man auf der Suche nach Weinen der «guten alten Zeit» ist. Zelebriert wird natürlich die Sangiovese-Traube, die hier zuhause ist. Typische Aromen eines traditionellen Weines sind Sauerkirschen, Veilchen, Kräuter, Himbeeren, Johannisbeeren und im Abgang auch Schwarzteenoten.

Oben: Der Innenhof von Castello ColleMassari nach der Renovation - erreicht wird er unter anderem über diese steile Treppe.

ColleMassari ist ein idealer Ausgangspunkt, um die Toskana zu entdecken.

Die Säure ist markant und erinnert an jene Säure, die man in Tomaten findet. Ebenfalls markant sind die trockenen und straffen Gerbstoffe, die dem Wein eine schöne Struktur verleihen und ihn zu einem perfekten Speisebegleiter machen. Interessant auch die Namen der Weine, die sehr persönlich gewählt worden sind. So etwa Melacce, der reine Vermentino, der seinen Namen mit einem Fluss teilt, der dem Berg Aquilaia entspringt. Irisse, die Assemblage aus Vermentino und Grechetto, bezieht sich auf Maria-Iris Tipa, Weingutsbesitzerin und Schwester von Claudio Tipa. Und der Name des Poggio Lombrone, des reinen Sangiovese, bezieht sich auf den Fluss Ombrone, der unweit des Weingutes ins Tal fliesst.

Das Weingut Castello ColleMassari befindet sich in Cinigiano an den Ausläufern dieses geliebten Berges auf etwa 320 Meter über Meer. Es liegt rund 40 km nordöstlich von Grosseto. Das Castello ist nicht ein hundertprozentiges mittelalterliches Schloss, also Wohnsitz einer feudalen Lehnsherrschaft. Seine Struktur erinnert mehr an einen befestigten Weiler oder noch mehr an eine «grancia». Dabei handelt es sich um einen geschützten landwirtschaftlichen Betrieb, der von Zisterziensermönchen und dem Spital von Santa Maria della Scala in Siena im 8. Jahrhundert gegründet worden ist.

Vorherige zwei Doppelseiten: Neben der Kirche von Montecucco befindet sich das Restaurant von Castello ColleMassari. Es kann auch besucht werden, wenn man nicht auf dem Anwesen wohnt.
Links: Eines der zahlreichen renovierten Häuser auf dem Anwesen von ColleMassari, die man für Ferien oder Retraiten reservieren kann.

Claudio und Maria Tipa vor der perfekt renovierten Kirche von Montecucco, die mitten im Anwesen von Castello ColleMassari steht.

Claudio Tipa haben wir einen toskanischen Schatz zu verdanken. Links neben ihm ein Auszug aus seiner Weinpalette.

In dieser Zeit lancierten sie zusammen ein landwirtschaftliches System zwischen Siena und der Maremma, das aus 22 «grance» bestand. Das erklärt auch den Namen «Massari». Im Mittelalter bezog sich der Name «massari» oder «massaro» auf einen Verwalter eines landwirtschaftlichen Betriebs. Wichtig dabei war, dass sich das Bauernhaus im Zentrum (massa) der Zone befand. Als Claudio Tipa das Schloss zum ersten Mal sah, war es noch eine Ruine. Liebevoll und anhand von alten Plänen und Schriften wurde es renoviert. Und zwar Stein für Stein, Zentimeter für Zentimeter. Denn Claudio ist nicht nur ein passionierter Weinkenner, er legt auch grossen Wert auf jedes Detail. «Ich löse gerne Probleme, bevor sie auftreten», betont er gerne. Mit derselben Detailliebe wird jedes Gebäude auf dem Anwesen auf Vordermann gebracht, sodass inzwischen auf dem weitläufigen Anwesen zahlreiche hochwertig ausgestattete Appartements, Villen und Zimmer für Ferien, Kongresse oder Seminare zur Verfügung stehen. Auch hat es ein Restaurant, das täglich geöffnet ist, sowie eine Kirche. «Wir haben hier eine kulturelle Oase geschaffen, die die Geschichte, die Kultur, den Wein und die Traditionen der Toskana vereint. Bei einem Besuch auf ColleMassari kann man alles zusammen erleben», erklärt Claudios Frau Maria, die jedes Zimmer selber eingerichtet hat.

Faszinierend an dieser weinkulturellen Geschichte der Familie Tipa-Bertarelli ist, dass sie weit über den Wein hinausgeht. Der Wein ist Teil einer Passion, aber nur eines der Elemente des Gesamtbildes. Die Familie hört nämlich nicht bei der Weinproduktion auf, sondern investiert in ein ganzes Gebiet und sorgt auch jetzt noch dafür, dass dieses Gebiet besucht werden kann. Es ist nicht nur eine Adresse für Weinliebhaber – im Gegenteil.

Mit Claudio Weine zu verkosten bereitet mir immer grosse Freude, da er die Klassiker besonders schätzt.

In der Toskana treffen verschiedene Weinstile aufeinander.

Castello ColleMassari ist der perfekte Ausgangspunkt, um die Magie der Toskana zu entdecken. Umgeben von der hügeligen Landschaft, unweit der toskanischen Küste und dem Naturgebiet des Monte Amiata, kann man hier Ruhe, Privatsphäre und kulinarische Genüsse erleben. Von Castello ColleMassari kann man Ausflüge in die zahlreichen Kulturzentren der Toskana unternehmen, zu denen unter anderem Florenz, Siena oder Montalcino gehören.

Man kann aber auch die anderen Weingüter in der Toskana aufsuchen, die inzwischen Teil der Gruppe sind.

Etwa eine Stunde entfernt von Castello ColleMassari befindet sich das Weingut Grattamacco. Sein Ursprung geht auf das Jahr 1977 zurück. Es liegt auf einer Anhöhe zwischen Castagneto Carducci und Bolgheri und geniesst einen Panoramablick auf die toskanische Küste. Die Weinberge von Grattamacco liegen in einer Höhe von etwa 100 Meter über dem Meer in einer wunderbar geschützten Lage zwischen dem Hügel unweit des bekannten Weinguts Sassicaia.

Das Gebiet profitiert hier von einem trockenen Klima mit grossen Temperaturschwankungen und ist berühmt für seine grossen Weine.

Im Gegensatz zu anderen toskanischen Weinbaugebieten wie etwa dem Chianti oder Montecucco wird hier zwar ebenfalls Sangiovese kultiviert, aber viel, viel weniger. Die zentralen Sorten sind die Bordeaux-Blend-Sorten Cabernet Sauvignon, Merlot oder Cabernet Franc.

Neben der Weinpassion teilen Maria und Claudio Tipa auch die Liebe zur Geschichte der Toskana und investieren viel in ihre Erhaltung und Restauration.

Also alles kräftige Rotweinsorten, aus denen auch kräftige und langlebige Weine vinifiziert werden. Das Gut ist seit 2011 Teil der ColleMassari-Gruppe.

Besonders stolz ist Claudio Tipa auf das kleine Juwel Poggio di Sotto. Das Gut wurde im Jahr 1989 gegründet und befindet sich auf einem Hügel südöstlich von Montalcino. Der Betrieb war von Anfang an bekannt für die hohe Qualität des hier kultivierten Sangiovese und erreichte schnell Kultstatus. Der erste Brunello di Montalcino datiert bereits auf das zweite Jahr nach der Gutsgründung zurück. In Castelnuovo dell'Abate am Fusse des Monte Amiata erreichen die steilen Weinberge mit südlicher Lage Höhen zwischen 200 und 400 Metern. Der Brunello Poggio di Sotto geniesst Kultstatus und ist eine absolute Rarität. Schon die Nase entführt in eine andere Dimension und man entdeckt ätherische sowie balsamische Noten, die auch den Gaumen verzaubern. Die Weine sind fast schon sakral und sollten entsprechend würdig genossen werden. Sie benötigen entsprechend Ruhe und Musse, zumal ihrem spirituellen Charakter Raum für die Entfaltung sehr gut tut. Zur Gruppe gehört weiter die Tenuta San Giorgio. Gegründet wurde sie von Guido Folonari, Spross einer wichtigen italienischen Weinfamilie, die bereits im 18. Jahrhundert Wein kultivierte. Seit 2016 gehört das Gut zur ColleMassari-Gruppe. Die Rebfläche macht 9 Hektaren aus, von denen 5,9 Hektaren Brunello di Montalcino und 2,5 Hektaren Rosso di Montalcino sind. Das Weingut befindet sich bei Castelnuovo dell'Abate in der Gemeinde Montalcino, unweit der Abtei Sant'Antimo.

Fotos Jacopo Salvi

CHÂTEAU MONESTIER LA TOUR – EINE RENAISSANCE IM BERGERAC

Wenn es eine Region in Frankreich gibt, in der man förmlich wie Gott in Frankreich leben kann, dann ist dies das Périgord. Foise Gras, Trüffel und Wild gehören auf den Speiseplan, ebenso wie der lokal produzierte Wein. Das Weingebiet dieser Region heisst Bergerac. Es schliesst östlich an die Bordeaux-Regionen am sogenannten «rechten Ufer» an und wird in seiner Mitte vom Fluss Dordogne durchquert.

2012 erwarb die Familie Scheufele im Herzen des Bergerac die herrliche Domaine Château Monestier La Tour. Auf rund 30 Hektaren Rebflächen kultiviert sie eine kleine und feine Palette aus biologischen und biodynamischen Weinen, die zum Besten der Region zählen. Nach langjähriger sorgfältiger und detailtreuer Renovation erblüht das Château wie nie zuvor.

Auguste Rodin wusste, worauf es ankommt, um zeitlose Schönheit zu kreieren. «Was man mit der Zeit kreiert, wird von der Zeit respektiert» – sein Zitat ist zum Motto der Weine von Château Monestier La Tour geworden, dem Weingut der Familie Scheufele im Herzen des Bergerac, der zauberhaften Weinbauregion, die auch eine Hochburg für Geschichtsaficionados ist. Man erreicht das malerische und leicht hügelige Rebland mit seinen zahlreichen Burgen, Châteaus und Wäldern nach einer guten halben Stunde Fahrt von Saint-Émilion aus. Hier kultivieren rund 800 Winzerfamilien eine Rebfläche, die mit knapp 13 000 Hektaren etwas kleiner ist als die der ganzen Schweiz. Zu ihnen gehört auch die Familie Scheufele, die 2012 das Château Monestier La Tour erworben hat. «Der Charme dieses Ortes und die vorhandenen Möglichkeiten machten meiner Frau und mir die Entscheidung leicht. Vielleicht spielt auch die Tatsache, dass wir bereits vor Jahren zufällig auf unserer Hochzeitsreise hier waren, eine gewisse Rolle», erklärt Karl-Friedrich Scheufele, der seit jungen Jahren seine Passion für Wein lebt.

Das Weinbaugebiet Bergerac befindet sich im Südwesten Frankreichs.

Château Monestier La Tour liegt auf einem protegierten kleinen Hügel, von dem aus man sehr gut in die Ferne sieht, ohne selber zu sehr aufzufallen. Der Grundbesitz umfasst rund 100 Hektaren, von denen rund 30 mit Reben bepflanzt sind. Hier wird konsequent auf Nachhaltigkeit und biodynamischen Weinbau gesetzt, und zwar so, dass Besucher vor Ort erleben können, was das genau bedeutet. Im Herbarium ruhen alle Kräuter und Natursubstanzen – von der Kamille über die Brennnessel bis zum Kuhhorn – und im speziell angelegten Kräutergarten gedeihen alle Kräuter prächtig.

Château Monestier La Tour liegt geschützt auf einem kleinen Hügel inmitten der wunderschönen Landschaft des Bergerac.

Man erreicht Monestier von Saint-Émilion aus in weniger als einer Stunde.

Auf Monestier wird ein spezieller Kräutergarten kultiviert, der alle Pflanzen enthält, die für den biodynamischen Weinbau wichtig sind. Bei einem Besuch des Château kann man diesen ebenfalls sehen.

Überhaupt ist das ganze Anwesen wie aus dem Bilderbuch. Die Renovation hat Jahre gedauert und das Resultat ist, wie das so bei den besten Resultaten ist – man hat das Gefühl, dass es schon immer so gewesen sein oder so ausgesehen haben muss. Originaltreu wäre untertrieben, denn eigentlich ist es vielmehr meisterhaft und somit Vorbild für die nächsten Generationen. Feingefühl und Detailtreue sind an allen nur denkbaren Stellen von Château Monestier zu sehen. Sei es im Gebälk des Barrique-Kellers oder in den alten Scharnieren der Türen und Fenster bis zu den Stück für Stück verlegten Pflastersteinen. Alles vermählt sich mit der Umgebung, der Natur und der Geschichte des Ortes und alles wurde und wird immer noch von lokalen Handwerkern umgesetzt, die ihrem Metier ihr Leben gewidmet und jeweils das Wissen ihrer Lehrmeister übernommen und weiterkultiviert haben. «Wir begannen beim Keller, der aus dem 17. und 18. Jahrhundert stammt, und entschieden uns, die Gebäude in traditioneller Weise rund um einen Innenhof zu organisieren. Von vorne ist er offen auf die Strasse, die zum Dorf hinführt. Geschlossen wird er mit Pilastern, die ein schützendes Portal sind», erklärt Karl-Friedrich Scheufele, der seiner Liebe zum Detail und zu höchster Qualität nichts in den Weg legt.

Die Renovation des Château hat Jahre gedauert.

Der neue Keller und der Barriquekeller sind optisch vermählt und von der Schlossterrasse her kaum sichtbar. Überhaupt sind die neuen Bauten kaum sichtbar, was die Folge ihrer Schlichtheit und Materialtreue ist.

Die Etiketten der Cadran-Weine erinnern an die Sonnenuhr.

Eric Fischer kümmert sich um den Garten und pflückte auch die Brennnesseln, aus denen am gleichen Tag eine Suppe zubereitet wurde. Rechts: Ein Teil des Kräutergartens.

Und so betritt man in Château Monestier einen kleinen Flecken Land, bei dem die Zeit wie stehen geblieben ist. Das ist natürlich nicht der Fall, da auch im Keller die modernsten Hilfsmittel untergebracht sind, aber der Begriff «als ob die Zeit stehen geblieben wäre» fühlt sich hier greifbar verständlich an.

Die Zeit spielt im Leben der Familie Scheufele bekanntlich eine zentrale Rolle und daher sind die Labels der Cadran-Weinlinie auch eine Hommage an die Sonnenuhr, deren Schattenlinien bei Sonnenschein Menschen seit der Antike helfen, die Zeit zu kennen. Eine solche Uhr begrüsst auch die Besucher von Monestier gerade beim Eingangsgebäude. Auch auf allen Etiketten der Weine ist das Logo des Châteaus abgebildet. Es zeigt das Wappen der Familie Pellegrue, die im 14. Jahrhundert Besitzerin des Châteaus war. Die Pellegrues waren auch die ersten «Herren der Turmfestung», die die Region beschützten. Im Wappen hält der silberne Storch den «Stein der Wachsamkeit», was in zweierlei Hinsicht ein Hinweis auf Schutz ist. Erstens waren es durch Diebe aufgeweckte Störche, die die Bewohner eines nahegelegen Dorfes eines Abends weckten und so dafür sorgten, dass nichts gestohlen wurde.

Karl-Friedrich und Christine Scheufele lieben die Ruhe auf Château Monestier La Tour. Die Familie Scheufele hat die Domaine 2012 erworben, alles liebevoll renoviert und den Weinbau auf biodynamisch und biologisch umgestellt.

Und zweitens würde der Storch durch das Herunterfallen des Steines aufwachen, sollte er ihn aus seinem Griff verlieren.

Château Monestier La Tour, das sind auch die Menschen, die hier arbeiten und dafür sorgen, dass alles funktioniert. Seit 2015 ist Mathieu Eymard Maître de Chais und arbeitet dabei eng mit dem Team von Stéphane Derenoncourt, einem der weltweit bekanntesten Önologen, und seinem Team zusammen. Sie haben den ganzen Betrieb langsam und Schritt für Schritt auf biodynamischen Weinbau umgestellt und vinifizieren einen weissen und roten Grand Vin Château Monestier La Tour – sowie je einen Weiss-, Rosé- und Rotwein der Cadran-Linie und in guten Jahren zusätzlich den süssen Saussignac.

Für den Koch ist die Schlossküche ein Atelier der Kreativität.

Die Reben gedeihen auf kalkreichen Lehmböden, die Ähnlichkeiten mit dem benachbarten Saint-Émilion aufweisen. So ist es auch naheliegend, dass bei den Rotweinen ähnliche Trauben Hauptakteure sind – Merlot, Cabernet Franc und etwas Malbec, den man auch Côt nennt. Bei den Weiss- und Süssweinen werden Sémillon, Sauvignon Blanc und Muscadelle verarbeitet. Alles unter einem Dach, was Monestier im Vergleich zu einem Weingut in Saint-Émilion zu einem speziellen Betrieb macht, da dort selten Rot-, Weiss-, Rosé- und Süssweine vom selben Produzenten vinifiziert werden. Kulinarisch ist das Bergerac, wie das ganze Périgord, ein Glücksfall für alle, die gerne essen. Und keiner beschreibt das besser als der schottische Autor Martin Walker, der auch während einiger Monate im Jahr in der Gegend lebt

Ce que l'on fait avec le temps, le temps le respecte.
MMXVI
VI
VII
VIII
IX X XI M I II III
V
IV

Das Périgord vereint harmonisch kulinarische Genüsse und Wein.

und hier Bruno, Chef de Police, zum Leben erweckt hat. Seine Krimis haben das Weinanbaugebiet Bergerac und das ganze Périgord als Schauplatz, Herkunft des berühmten Périgordtrüffels, den die Köchin Danièle Mazet-Delpeuch gerne Frankreichs Ex-Präsidenten François Mitterrand auf einem Butterbrot servierte. Für Walkers Hauptfigur Bruno ist gutes und ständiges Essen und Weingenuss zentral. Und es gibt kaum eine bessere Art, sich auf einen Besuch im Périgord vorzubereiten, als diese bezaubernden Bücher zu lesen, zumal sie unweigerlich Lust auf die Gegend, die Küche, den Wein und andere Genüsse im Périgord machen, wie etwa auf die Foie gras, ob von der Ente oder von der Gans. Die besondere Qualität der lokalen Produktion ist durch die geschützte geografische Angabe anerkannt, die bei den Enten unter der Bezeichnung «Canard à foie gras du sud-ouest-Périgord» eine Garantie darstellt. Von November bis Februar finden zudem spezielle Märkte für diese hochwertigen Produkte statt. Dort bieten kleinere Erzeuger alles an, was den Gaumen erfreut–und natürlich zu den Weinen der Region passt. Die Region ist auch bekannt für ihre Steinpilze oder Walnüsse. Ganz zu schweigen von den Wilderzeugnissen. Und wie das meistens in Weinregionen so ist, passt die lokale Küche zu den lokalen Weinen.

Bild oben: Im Herbarium ruhen alle Kräuter, die für den biodynamischen Weinbau verwendet werden. Alle Substanzen sind natürlich und haben ganz spezifische Eigenschaften für Boden und Pflanze.
Bild unten: Karl-Friedrich und Christine Scheufele sind bereits auf ihrer Hochzeitsreise durch das Bergerac gefahren.

Mathieu
CHATEAU
MONESTIER LA TOUR

Das önologische Image der Region steht zu Unrecht im Schatten der Bordelaiser Nachbarregionen, denn nur weil die Weine aus dem Bergerac günstiger sind, heisst das noch lange nicht, dass sie weniger gut wären – im Gegenteil.

Auch sollte man nicht vergessen, dass 1816, als die französische Regierung erstmals den Auftrag zur «Topographie de tous les Vignobles connues» vergab, beispielsweise das Pécharmant – ein Anbaugebiet für Rotweine innerhalb des Bergerac – auf dieselbe qualitative Stufe gestellt wurde wie die Bordelaiser Anbaugebiete von Pauillac, Margaux, Saint-Estèphe und Saint-Julien, die heute zu den weltbekanntesten Terroirs zählen. Doch die Rivalität zum viel grösseren Nachbarn Bordeaux hat dem Bergerac über Generationen leider geschadet.

Strategisch ist die Weinregion sehr gut gelegen, zumal die Rebberge die Ufer der Dordogne säumen, die hinter Bordeaux in die Garonne fliesst. Damit hatte Bergerac auch freien Zugang zu den mit dem Schiff erreichbaren Märkten, allen voran zum wohlhabenden Holland. Nach der Aufhebung des Edikts von Nantes mussten viele Hugenotten Ende des 17. Jahrhunderts aus Bergerac fliehen, das bis dahin einer der sogenannten Sicherheitsplätze gewesen war. Sie fanden in den Niederlanden eine neue Heimat, was den Weinexport dorthin stärkte. Da die Niederländer eine Vorliebe für süsse Weine hatten, wurden diese Teil der Weinkultur. Der berühmteste Name ist Monbazillac, gefolgt von Saussignac. Und so erstaunt es nicht, dass auch heute noch gut 30 % aller lokalen Weine Süssweine sind.

Links: Mathieu Eymard ist seit 2015 der Maître de Chais des Gutes. Wir haben mit ihm den neuen Jahrgang direkt ab Tank verkostet.

Rechts: Natürlich war das das beste Poulet, das ich je gegessen habe, denn es grillierte ganz langsam vor dem Cheminée und wurde dann noch mit etwas Saussignac von Monestier La Tour abgeschmeckt.

In den 2000 Jahren Rebbaugeschichte des Bergerac hat die Region einiges erlebt, was sie auch so spannend macht. So etwa 96 nach Christus, als der römische Kaiser Domitian befahl, sämtliche Weinberge der Gallier zu roden. Nicht alles wurde zerstört und zahlreiche Reblagen an beiden Ufern der Dordogne überlebten. Im Jahre 721 drangen dann die Araber nach Frankreich und verwüsteten erneut die Rebberge. Dann folgten die Wikinger und im 19. Jahrhundert, wie in ganz Europa, die Reblausepidemie. Ein ganzes Kapitel könnte man auch über die Zeit der Dritten Französischen Republik (1870–1944) verfassen, als im Périgord Tabak anstelle von Reben propagiert und kultiviert wurde, da Tabak viel lukrativer war. Das ist alles lange her und die Qualität der Weine des Bergerac ist seit den 80er-Jahren besser denn je. Auch gibt es in ganz Frankreich kaum eine andere Region, in der so konsequent biologisch und biodynamisch gearbeitet wird wie hier und jetzt auch auf Château Monestier La Tour. Und so meint Christine Scheufele: «Die sanften Hügel der Landschaft in Bergerac, welche das Château Monestier La Tour umgeben, sind eine herausragende Gegend voller Harmonie und Gelassenheit. Ein zauberhafter Ort, ideal, um sich zu erholen, die Gegenwart zu geniessen und unsere Weinreben im Laufe der Jahreszeiten zu beobachten. Wir lernen auch die Bescheidenheit gegenüber der mächtigen Natur und empfinden eine unendliche Dankbarkeit bei der Ernte. So viel Freude und Emotionen, die sich in unserem fruchtigen und eleganten Wein äussern.»

Biologischer und biodynamischer Weinbau ist heute im Bergerac weit verbreitet.

Fotos Jacopo Salvi

Colomé
79 KM

BODEGA COLOMÉ – ARGENTINIENS PIONIERWEINGUT AM ENDE DER STRASSE

2001 übernahm der Schweizer Wein- und Kunstaficionado Donald Hess die Bodega Colomé in Argentinien. Hier in der Provinz Salta nahe der Grenze zu Bolivien wachsen die Trauben auf Höhenlagen zwischen 2200 und 3111 Meter über Meer, was das Gut zum zweithöchsten der Welt macht. Geführt wird es heute von Donalds Schwiegersohn Christoph Ehrbar.

Die Bodega Colomé ist das älteste noch aktive Weingut Argentiniens, das dank Donald Hess, seiner Familie und seiner Passion für Kunst neu erblüht ist. Auch wenn sich die Bodega im abgeschiedenen Calchaquí-Tal befindet, pilgern täglich Kunst- und Weinaficionados in dieses kleine Paradies am Ende der Landstrasse.

Donald Hess ist ein Vorbild und ein Pionier. Er erweiterte die Landkarte der Weine in Rekordhöhen und scheute sich auch nicht, weit weg von der Schweiz Wein zu kultivieren. Sein verrücktestes Projekt befindet sich in Argentinien und geht auf das Jahr 1831 zurück. Alles begann mit einem Traum und der Kraft, ihn zu realisieren – viel Kraft. Denn allein der Besuch der Bodega Colomé mit ihren Reblagen, die bis über 3000 Meter über Meer reichen, hat mich erschöpft – und auch etwas in die Vergangenheit versetzt. Nicht die önologische, zumal die Kellerei mit modernsten Mitteln arbeitet, aber was unsere sonstigen täglichen Gewohnheiten betrifft. Während einer Woche keine Tageszeitungen, kaum Internet, Strassen ohne Asphalt, der wohl schönste Sternenhimmel, Fleisch, das ganz einfach am Feuer zubereitet wird, und eine Ruhe, an die man sich gewöhnen kann – wenn man einmal angekommen ist. «Geniesse die Ruhe», höre ich Christoph Ehrbar noch sagen, als wir im Städtchen Cafayate Richtung Colomé losfahren. Natürlich wollte ich schon «warum?» fragen, doch ich kam nicht dazu, denn es wurde mir schnell klar, was der Schwiegersohn von Donald Hess damit gemeint hatte. Er kündigte das Ende der asphaltierten Strasse an. Während Tagen waren sie unser Transportweg von einem Rebberg zum anderen. Im gelenkigen Auto schüttelte und rumpelte es wie in einem Schüttelbecher und wir fuhren an einer Extremlandschaft nach der anderen vorbei auf dem Weg Richtung Cachi. Eine Strecke, die übrigens vor ein paar Jahren auch als Rennstrecke für die Wüsten-Rallye «Paris–Dakar» diente.

Colomé ist der wahr gewordene Traum des grossen Visionärs Donald Hess.

Auf Colomé kann man in der wunderschönen, rustikal eingerichteten Hacienda übernachten oder auch Ferien verbringen. Die Ruhe, die man hier erlebt, ist einmalig. Bis man das Anwesen jedoch erreicht, dauert es einige Stunden, während denen man an atemberaubenden Landschaften vorbeifährt.

Hier in dieser Hochwüste fühlte sich Donald Hess wohl und er wusste, dass man hier Spitzenweine produzieren kann. Das war 1996, als er

CAÑON

RECTA DEL TIN TIN

Bis man Colomé erreicht, überquert man diverse Pässe und das Klima verändert sich je nach Höhenlage markant.

in der kleinen Provinzhauptstadt Cachi einen Wein von Colomé trank. Für ihn ein Rohdiamant und der Beginn eines Abenteuers, das bis heute andauert. Es vergingen Jahre, bis er nur schon das Weingut besuchen konnte, zumal die Strassen immer überschwemmt waren, und so fuhr er zusammen mit seiner Frau Ursi unzählige Male an den atemberaubenden Kulissen dieses Erdteils vorbei, die von gelben Steinwüsten über rote Felswände und bizarre Gesteinsformationen bis zu Kakteenhainen reichten.

Und nie wurde es ihm langweilig. Im Gegenteil. Er sah hier wie ein Visionär ein grosses Potenzial und wollte nicht wie alle anderen im südlicher gelegenen Mendoza pflanzen.

2001 konnte er die Winery endlich erwerben, zu der knapp 40 000 Hektaren Land gehörten, aber noch keine Infrastruktur. Das wurde natürlich geändert. Er baute in dieser äusserst armen und unberührten Region ein Dorf und Strassen für die Bewohner, legte Wasser- und Stromleitungen und baute die Kellerei wie auch ein Kunstmuseum. Denn wo Donald sich niederlässt, ist die Kunst nicht weit. 2009 öffnete hier das weltweit einzige James Turrell Museum. Ein Wahnsinn!

Colomé ist eines der wichtigsten High-Altitude-Weingüter der Welt.

Aber nicht der letzte, denn nahe bei Colomé errichtete sich der Pionier in El Arenal ein Haus auf über 3000 Metern über Meer und pflanzte auch gleich Reben an, zumal ein unterirdischer Fluss gefunden wurde. Die daraus vinifizierten Weine heissen Altura Maxima und galten lange als die Weine des höchsten Rebbergs der Welt. Doch inzwischen werden auch in Tibet Reben auf 3 563 Meter über Meer kultiviert und Rekorde sind ja bekanntlich da, um gebrochen zu werden.

Im Hintergrund thront der über 6000 Meter hohe Nevado de Cachi. Er befindet sich am Ostabhang der Anden, in den Valles Calchaquíes in der Region Salta. Kakteen neben Reben sieht man auf der Welt sonst nicht oft.

Argentinien ist ein Mekka für High-Altitude-Weine. Die Malbec-Traube fühlt sich hier zudem besonders wohl.

Die Signaturtraube von Altura Maxima ist primär Malbec – die Signaturtraube Argentiniens – sowie auch Pinot Noir oder Sauvignon Blanc. Also alles High-Altitude-Weine, die in Zukunft immer wichtiger werden – nicht zuletzt dank dem Klimawandel. Argentinien ist jetzt generell das Land, das die Diskussion um Reben, die in hohen Lagen kultiviert werden, so richtig in Gang bringt, und wenn man bedenkt, wie früh Donald Hess diesen Gedanken bereits hatte, ist das faszinierend.

Zur Colomé-Gruppe gehören auch Reben im etwas tiefer gelegenen Cafayate (1750 m ü. M.). Hier in der Hochebene werden die süffigen und unkomplizierten Alltagsweine der Amalaya-Linie vinifiziert. Es sind meist Blends, die mit ihrer fruchtbetonten und gefälligen Art den Gaumen im Nu erfreuen. Entsprechend setzt sich das Weinangebot aus drei Weinlinien zusammen, die man mit verschiedenen Dresscodes vergleichen könnte: Amalaya ist Casual, Colomé Business Chic und Altura Maxima Vintage elegant.

Bei meinem Besuch habe ich die Weine mit dem Önologen Thibaut Delmotte verkostet – einem Franzosen aus dem Burgund, der 2004 als Tourist nach Argentinien kam. Salta hat ihn fasziniert und so beschloss er, hier ein paar Monate Französisch zu unterrichten – bis er Donald Hess kennenlernte. Er ist nicht mehr nach Frankreich zurückgekehrt und füllte mit dem 2005er seinen ersten Jahrgang ab. «Im Burgund arbeiten wir auch sehr stark mit dem Terroir, das dem Pinot Noir seine Ausdruckskraft verleiht. Mit dem Colomé-Terroir ist es dasselbe. Jedes Terroir verleiht den Weinen einen anderen Charakter», erklärte mir Thibaut.

Das Originalhaus der Bodega Colomé steht noch auf dem Gelände der Winery und erinnert an vergangene Zeiten.

Christoph Ehrbar ist der Schwiegersohn von Donald Hess und leitet heute das Weingut Colomé zusammen mit seiner Familie.

Er ist nicht der einzige Franzose, der nach Argentinien gekommen ist. Als sich in den 90er-Jahren das Land öffnete und den Export suchte, entstanden auch viele neue Weinprojekte – die meisten davon in der Region Mendoza. Angetrieben von bekannten Bordeaux-Häusern wie etwa Château Lafite Rothschild oder Château Cheval Blanc, schossen hier die neuen Topweine wie Pilze aus dem Boden. Das war der Beginn der «Neue Welt Weine». Man muss sich das wie folgt vorstellen: Europäische Winzer waren es sich gewohnt, nach strengen Produktionsrichtlinien und Gesetzen ihre klassischen Weine zu vinifizieren. Hier in Argentinien konnten sie mehr oder weniger tun und lassen, was sie wollten – also ihrer Kreation freien Lauf lassen und die Weine frei von meist sehr alten Vorschriften produzieren. Zudem hatte es hier auch mehr Platz, mehr Möglichkeiten und ein besseres Klima als zu Hause. Und da Argentinien auf der anderen Seite des Äquators liegt, konnte pro Jahr zweimal geerntet werden – einmal im September in Europa und einmal im März in Argentinien.

Inzwischen boomen die Weine des Landes und gehören auf die Weinkarten der besten Restaurants. Wichtigste Traube des Landes ist glücklicherweise die Malbec-Traube. Sie ist mit etwas über 40 000 Hektaren die Nummer eins. Malbec entspricht mit seinem breiten Aromaspektrum absolut dem Zeitgeist, wie übrigens auch die weisse Signaturtraube Torrontés. Sie ist sehr aromatisch und das pure Gegenteil eines Chardonnay oder eines Pinot Grigio. Der daraus vinifizierte Wein ist ein Wein für moderne Geniesser. Am besten schmeckt Torrontés, wenn daraus ein süffiger, frischer Wein mit einer rassigen Säure vinifiziert wird. Aromatisch ist er bunt wie ein Regenbogen und von exotischen Fruchtaromen gezeichnet. Torrontés ist im Gegensatz zum Malbec kein Lagerwein. Jung getrunken schmeckt er am besten, musste ich

Donald Hess konnte die Finca Colomé vom damaligen Besitzer Raúl Dávalos erwerben. Die Präsenz der Kakteen gibt den historischen Bauten eine charismatische Ausstrahlung.

Zahlreiche französische Önologen sorgen in Argentinien für die Güte der Weine. Auch auf Colomé.

erneut denken, als ich die Abfüllung der Bodega Colomé genoss und auf die alte Winery blickte, die noch auf dem Gelände des neuen Weingutes steht. Sie ist terrakottafarben und mit einem Strohdach bedeckt. Auf dem Balken über der Eingangstüre steht «Bodega Colomé 1831» – fast so alt sind auch die Malbec-Stöcke direkt hinter dem Weingut. «Wir haben das Glück, solche Reben zu besitzen. Sie sind über 150 Jahre alt und ihre Trauben offenbaren eine spezielle extraktreiche Aromatik. Zu Ehren von Donald habe ich daraus den Wein Malbec Estate 1831 kreiert», freut sich Christoph Ehrbar, der selber ein passionierter Weingeniesser ist.

Beim Verkosten des Malbec Estate 1831 notiere ich mir folgendes: «Sehr, sehr elegant mit feinen, straffen Tanninen. Hat trotz seiner Komplexität eine bemerkenswerte Finesse und fast schon einen spirituellen Charakter.» Nur schon beim Gedanken an so alte Reben bekomme ich Hühnerhaut. Man stelle sich nur vor, was sie alles erlebt und gesehen haben. Napoleon war erst zehn Jahre tot, als die Trauben gepflanzt wurden. Karl Marx hatte sein kommunistisches Manifest noch nicht verfasst und in den britischen Kolonien und den USA endete langsam die Sklaverei. Die wichtigsten Komponisten der Zeit waren Giuseppe Verdi, Richard Wagner, Frédéric Chopin oder Robert Schumann. Johann Wolfgang Goethe verstarb, als die Trauben gerade einjährig waren. Da es so lange her ist, dass sie gepflanzt worden sind, handelt es sich auch um sogenannte wurzelechte Reben. Bis ins 19. Jahrhundert gab es nur wurzelechte Rebstöcke.

Dann wurde aus den Vereinigten Staaten mit der Reblaus ein Schädling nach Europa eingeschleppt, der auf dem ganzen Kontinent verheerend wütete und den Weinbau fast komplett in die Knie zwang. Die vorläufige Lösung, mit der man bis heute arbeitet, ist die, dass man auf reblausresistente amerikanische Wurzelstöcke europäische Edelreben aufpfropft. Wurzelechte Pflanzen kommen in Europa nur noch ganz selten vor – und sind für Winzer wahre Edelsteine, die sie mit grösster Sorgfalt pflegen.

Argentinien ist nicht nur das grösste Weinerzeugerland Südamerikas, sondern auch eines der ältesten. Denn aus Überlieferungen geht hervor, dass um die Mitte des 16. Jahrhunderts Jesuitenmissionare in den Andenausläufern die ersten Reben kultivierten.

Mit Christoph Ehrbar und Jan Kollros auf Altura Maxima - dem höchsten Rebberg von Colomé.

Das Klima auf Colomé ist ideal. 350 Sonnentage pro Jahr und ein eher trockenes kontinentales Klima. Im Winter kann das Thermometer nachts schon mal auf minus 14 Grad fallen, steigt dann aber wieder auf plus 24 Grad. Dadurch entwickeln die Trauben genügend Säure, die ihnen in der Aromatik Frische verleiht. Zucker haben sie bei der starken Sonne der Südhalbkugel genügend. Auf Colomé wird biologisch gearbeitet. Biodynamie wurde versucht, aber nachdem Ameisenkolonien die saftigen Reben als ihr Schlaraffenland deklariert hatten, musste etwas dagegen unternommen werden.

Nichts unternehmen kann man gegen die Distanz – von der Herkunft dieser Weine, bis sie bei uns auf dem Tisch stehen und entkorkt werden können. Ein Gedanke, der mir natürlich sofort in den Sinn kam, als ich zu Hause eine Flasche Malbec öffnete, um während ihres Genusses von meiner Reise ins Weingut am Ende der Strasse zu erzählen. Und von der Vision eines Schweizers, der hier am Fusse der Anden Kunst, Wein und Natur in einem unvergesslichen Rahmen aufblühen lässt.

Der Star von Colomé - Altura Maxima. Im Duft wird die aromatische Konzentration angekündigt und im Gaumen erkennt man schnell, dass sie auch viel Finesse in sich birgt. Hauchdünn filetiertes Fruchtkonzentrat geniesst man Schluck für Schluck. Noten von Zedernholz, Lorbeer, Tabak und Cassis sind dominant. Ein Wein für grosse Gläser, grosse Momente und grosse Träume.

Malbec ist die wichtigste Traube der Region.

Auf Colomé gedeihen noch Rebstöcke, die 1831 gepflanzt worden sind.

James Turrell Museum

Estancia Colomé ist ein einzigartiger Ort mit magischer Stille und Eindrücken, die man nie mehr vergessen wird. Man fühlt sich dem Himmel besonders nah und sollte es nicht unterlassen, das James Turrell Museum zu besuchen, das ebenfalls auf dem Anwesen steht.

Vor bald zehn Jahren öffnete das weltweit einzige James Turrell Museum seine Tore. Es ist Teil der Weingutsanlage der Bodega Colomé und steht Besuchern offen. Das Museum präsentiert vor spektakulärer Naturkulisse auf insgesamt 1680 Quadratmetern verschiedene Lichtinstallationen, Zeichnungen und Druckgrafiken des amerikanischen Künstlers, die einen repräsentativen Überblick über fünf Jahrzehnte seines Schaffens geben. Die Innenräume des Museums wurden von Turrell entsprechend den Anforderungen seiner Kunstwerke selbst gestaltet. Der Besucher erlebt so eine einzigartige Verbindung aus Licht, Architektur und Natur.

Colomé ist trotz der anstrengenden Anreise ein idealer Ort für die Werke von James Turrell. Denn um diese zu betrachten und in ihnen zu versinken, braucht es Zeit, Stille und Konzentration–und davon gibt es auf Colomé zur Genüge. In Turrells Installationen scheinen Räume ins Unendliche zu fallen und Distanzen sind nicht mehr abschätzbar. Grenzen verschwinden und das Auge kann sich an nichts mehr orientieren ausser am Licht und man erlebt eine Sinnestäuschung nach der anderen. Dazu erklärt der Künstler: «Normalerweise benutzen wir Licht, um damit andere Gegenstände zu beleuchten. In meinem Werk geht es aber um das Licht an sich. Als Material. Es spielt mit den Dimensionen, es füllt die Räume wie ein dichter Nebel oder ein feiner Dunst.»

Verunsichert und fasziniert erforscht man die einzelnen Räume und legt sich beim letzten Werk «Skyspaces» schliesslich auf den Boden eines offenen Innenraums mit Blick auf den Himmel. Die Lichtinstallationen treten in einen Dialog mit dem langsam eindämmernden Himmel und den darüber ziehenden Wolkenbildern und man fühlt sich plötzlich dem Universum so nahe wie nie zuvor. Alle ausgestellten Werke stammen übrigens aus der Hess Art Collection, die eine der wichtigsten privaten Kunstsammlungen der Gegenwart ist. Seit den 1960er-Jahren sammelt Donald Hess leidenschaftlich Kunst. Die Künstler sind bei ihm in der Regel nicht nur mit einzelnen Arbeiten vertreten, sondern mit ganzen Werkkomplexen.

Fotos Michael Stahl

www.bodegacolome.com/museo

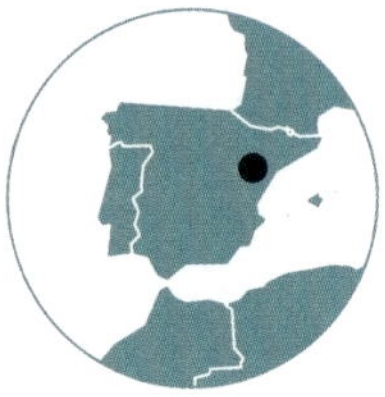

FAMILIE TORRES – DIE NACHHALTIGE WEINDYNASTIE AUS KATALONIEN

In der Weinwelt gibt es ein paar Weinnamen, die grosse Weingeschichte geschrieben haben und die man auch als globale Marken kennt. Namen wie Antinori, Frescobaldi, Baron Philippe de Rothschild, Mondavi, Joseph Drouhin oder Torres.

Torres ist einer der wichtigsten Namen der Weinwelt. Der Familienbetrieb besitzt 2432 Hektaren Reben, davon 2000 in Spanien, 400 in Chile und 32 in Kalifornien. Das Unternehmen wird heute von der vierten und fünften Generation geführt und exportiert seine Weine in über 150 Länder weltweit. Der Begriff Torres steht einerseits für nachhaltigen Weinbau und andererseits für ein optimales Preis-Leistungs-Verhältnis.

Die Familie Torres kultiviert und verkauft seit dem 17. Jahrhundert Wein in Penedès und hat derart viel zur Förderung und zur Bekanntmachung des spanischen Weines beigetragen, dass man mehrere Bände über sie schreiben könnte. Ebenso einmalig ist ihr Engagement für den Klimaschutz –, der auch im Weinberg beginnen kann.

> Jean Leon war ein Star in Hollywood – nicht auf der Leinwand, aber in seinem Restaurant.

Ich habe den Begriff Torres zum ersten Mal in Zusammenhang mit James Dean gehört, denn 1994 übernahm die Torres Winery das spanische Weingut Jean Leon. Es trug den Namen eines illustren Spaniers, der wie so viele in die USA ausgewandert war, um dort ein besseres Leben und das grosse Glück zu finden. Was ihm auch gelang – denn er begann in den 50er-Jahren als Taxifahrer (seine Taxinummer war die 3055) und eröffnete dank dem Impuls von James Dean das Restaurant La Scala in Beverly Hills, das in den 60er- und 70er-Jahren der absolute Hotspot der Stars war.

Hier wurde nicht nur das legendäre Schwarz-Weiss-Foto geknipst, in dem Sophia Loren ganz neidisch in den Ausschnitt von Jane Mansfield blickt. Auf der Menükarte waren auch Gerichte wie Chicken à la Dean Martin, Beef à la Paul Newman, Cannelloni Liz Taylor oder Mostaccioli à la Natalie (Wood) und Fettuccine Marylin.

So kam es, dass Jean auch einen speziellen Wein für seine Gäste wollte. Seinen eigenen Wein. Er setzte seinen Traum in Spanien in der Region Penedès um, seiner ursprünglichen Heimat.

Die von weitem sichtbare Mauer des bekannten Weinguts Grans Muralles. Hier wurde seit dem 13. Jahrhundert von Zisterzensiermönchen Wein kultiviert. Dahinter das Kloster Reial Monestir de Santa Maria de Poblet.

GRANS MURALLES

Für ihn war klar: Wenn die Römer hier schon Wein vinifiziert hatten, warum nicht auch er? Seine Idee war ein französischer Weinstil, also etwas Neues für das Penedès. Er liess Cabernet Sauvignon anpflanzen, reiste oft nach Bordeaux, um neue Techniken zu lernen, und kreierte seinen Wein. Auch war er ein guter Freund von Miguel A. Torres, der zur selben Zeit damit begann, Cabernet Sauvignon im Penedès zu kultivieren. Eigentlich wollte Leon sein Weingut gerne «Château Leon» oder «Marqués de Leon» taufen, aber in Spanien war das damals verboten, da er selber keinen echten Titel besass. Und so wurde die Winery schlicht Jean Leon genannt, wie der Wein übrigens auch. Inzwischen feierte das Restaurant La Scala seinen 60. Geburtstag und die Jean-Leon-Weine sind populärer denn je – was sich optisch wie aromatisch manifestiert.

Cabernet Sauvignon fühlt sich im Penedès sehr wohl.

Als wir die Jean-Leon-Kellerei besuchten, hatten wir das Glück, Leons Sohn zu treffen und zusammen die diversen Abfüllungen zu verkosten – vom Easy-drinking-Chardonnay über die diversen Cabernet Sauvignons bis zum limitierten «La Scala», dessen Etiketten Werke von bekannten katalanischen Künstlern zeigen. Alle Weine werden biologisch vinifiziert, was inzwischen schon ein Grundkriterium der Torres-Weine ist.

Spanien ist mengenmässig der erfolgreichste Wein-Exporteur Europas. Einer der erfolgreichsten Produzenten ist die Familie Torres, deren Kellerei 1870 von Jaime und Miguel Torres in Vilafranca del Penedès, einer Gemeinde südwestlich von Barcelona, gegründet worden ist. Allein in Spanien bewirtschaften sie heute über 2000 Hektaren Rebland. Ihre Weinpalette ist umfangreich und man findet Weine aus allen wichtigen

Weinbauregionen des Landes. Charakteristisch für Torres ist die Tatsache, dass die Firma trotz der Grösse ein Familienbetrieb geblieben ist, in dem die Familienmitglieder aktiv mitarbeiten und beispielsweise auch bei Kellereiführungen anwesend sind.
Torres ist auch Vorreiter in Sachen Nachhaltigkeit und Klimaschutz. In allen Bereichen des Betriebes wird darauf geachtet, dass so umweltfreundlich wie möglich gearbeitet wird, wobei auch viel in die Forschung investiert wird. Treibende Kraft dahinter ist Miguel A. Torres.

Al Gores Dokumentarfilm «An Inconvenient Truth» von 2009 änderte sein Leben. So meint er: «Ich wusste sofort, dass wir etwas unternehmen müssen, und so fliessen heute elf Prozent unseres Profits in Klimaschutzprojekte. Auch haben wir unsere Vinifikationsmethoden konstant so verändert, dass es besser für die Umwelt ist. Recycling ist kein Fremdwort – auch für die 1000 Weinbauern, die für uns arbeiten. Die nächsten 20, 30, 40 Jahre werden für den Süden Europas wegen der klimatischen Veränderung nicht einfach und zahlreiche Anpassungen sind nicht zu umgehen.»

Miguel Torres Maczassek (rechts im Bild) ist der heutige Geschäftsführer der Bodegas Torres. Er interessiert sich besonders für nachhaltigen Weinbau und das Wiederentdecken von autochthonen Traubensorten. Bei unserem Besuch trafen wir auch Christian Bindella.

Sangre de Toro und Gran Coronas sind Klassiker des Torres-Sortiments. Man findet sie weltweit.

Der Klimawandel ist längst kein Fremdwort mehr. Laut NASA sind 17 der 18 wärmsten Jahre in den 136 Jahren seit Beginn der Aufzeichnungen alle seit 2001 aufgetreten, mit Ausnahme von 1998, während 2016 als das wärmste Jahr aller Zeiten eingestuft wird. Wie aus einem Bericht von AdviClim, einer Organisation, die die Auswirkungen des Klimawandels beurteilt, hervorgeht, haben künftige Klimaschwankungen sehr entscheidende Auswirkungen auf die Weinqualität und den Weinstil. Langfristig kann dies geografische Verschiebungen von Weinbauzonen und auch Anpassungen betreffend die geeigneten Rebsorten bedeuten. So besagt die Studie: «Ein sich veränderndes Klima ist daher eines der wichtigsten ökologischen und sozioökonomischen Probleme, vor denen eine nachhaltige Weinkulturentwicklung und -produktion im nächsten Jahrhundert stehen. Die Erde wird wärmer, und damit werden die Wettermuster immer unberechenbarer.»

Jährlich wird die Kellerei Torres in Penedès von über 100 000 Weinliebhabern besucht, zumal sie auch eine Fülle an unterhaltsamen Weinparcours anbietet, bei denen immer einzelne Weine des Hauses verkostet werden können. Auch punkto Umweltschutz werden die Besucher geschult. Dass Torres so bekannt ist, hat nicht zuletzt damit zu tun, dass sie eine breite Palette an Weinen anbieten, die preislich interessant sind und sich auch für zahlreiche Gelegenheiten und kulinarische Kombinationen eignen. Nicht zu unterschätzen ist weiter, dass man Torres-Weine in mehr als 150 Ländern der Welt findet und sie daher einen populären Wiedererkennungseffekt in sich haben. Zu den bekanntesten Weinen des Hauses gehören Gran Coronas, Celeste, Gran Muralles, Mas La Plana, Salmos und Sangre de Toro bei den Roten und Vina Sol, Fransola, Milmanda und Viña Esmeralda bei den Weissen, um einige Namen der grossen Weinpalette zu nennen, die ständig wächst. So verkostete ich zusammen mit Miguel Torres Maczassek einige neue Weine, die aus autochthonen Reben vinifiziert worden sind.

Oben: Das Zisterzienserkloster Reial Monestir de Santa Maria de Poblet gehört zu den wichtigsten Klöstern Kataloniens.

TRASMEDITERRANEA
TENACIA

Vorherige Seite:
Vor dem Besuch bei Torres verbrachten wir bereits ein paar Tage in Barcelona.

Haupteingang zum Torres-Imperium in Vilafranca. Rechts befindet sich auch ein Shop, in dem nicht nur Weine erworben werden können.

Torres hat das Ziel, 30 % des CO_2-Ausstosses pro Flaschezu reduzieren.

«Wir sind noch am Experimentieren», erklärte er mir und fügte hinzu: «Aber ich bin überzeugt, dass diese alten Sorten die Zukunft sind. Unsere Vorfahren kultivierten solche Sorten und wir wollen Vorbild für andere Winzer sein und ihnen zeigen, dass es einen Grund gibt, warum diese Sorten eine spezielle Verbindung zu unserem heimischen Terroir besitzen. Aber natürlich brauchen alle guten Resultate viel Zeit und wir werden uns diese Zeit nehmen.» Einer dieser Weine war ein reiner Moneu, den man auch unter dem Namen Querol kennt. Er erinnerte mich im Geschmack an unsere heimische Sorte Cornalin. Noten von schwarzen Kirschen, Gewürznelken, Pfeffer und auch Schokolade markierten eine starke Präsenz. Und so freue ich mich bereits jetzt, wenn ich bei meinem nächsten Besuch bei Torres neben einem modernen Jean Leon Cabernet Sauvignon auch einen reinsortigen Querol geniessen kann.

In der Torres Wine Bar in Barcelona kann man nicht nur das ganze Sortiment verkosten, sondern auch diverse spanische Gerichte entdecken. Das moderne Lokal ist auch ein guter Meeting Point, um den ersten Teller Jamón und das erste Tomatenbrot zu bestellen.

Fotos Philipp Rohner

225 L

JEAN LEON

MAGISCHES WAADTLAND

Das Waadtland ist grosses Kino für die Weinwelt. Hier an den Ufern des Genfersees blüht unbeeinflusst von der Aussenwelt eine traditionsreiche Weinkultur, die mit der Fête des Vignerons alle 25 Jahre ihren Höhepunkt zelebriert.

Der Kanton Waadt erstreckt sich in einer breiten Ebene von den Jurabergen bis zu den Alpen und von den Ufern des Genfersees bis zum Neuenburgersee. Er hat eine Fläche von insgesamt 3212 km^2 (7,8 % der Fläche der Schweiz). Er grenzt im Osten an Freiburg, Bern und das Wallis; im Süden erneut ans Wallis sowie an Savoyen und Genf; im Westen an Frankreich und im Norden an Neuenburg. Wichtigste Traubensorte ist der Chasselas, der hier seinen Ursprung hat.

Es gibt verschiedene Orte, an denen man sich in die Schweiz verlieben kann – einer davon ist im Waadtland. Hoch oben in den Reben mit Blick auf den Genfersee und kleine Winzerdörfer, in denen die Zeit etwas langsamer vergeht und der Chasselas König ist.

Wahrscheinlich ist das Waadtland die schönste Weinregion, die die Schweiz hat – das Zusammenspiel zwischen Genfersee, Alpen, steilen Reblagen und vor allem einer für die Schweiz unüblichen Weite, die je nach Wetterlage bis ins Grenzenlose schweift, ist einmalig und unvergesslich. Nicht ohne Grund zieht die «Waadtländer Riviera» am Genfersee zwischen Montreux und Lausanne seit dem Ende des 19. Jahrhunderts Besucher aus aller Welt und natürlich auch aus dem Rest der Schweiz an. Sie fanden und finden hier Inspiration, Ruhe, Schönheit und natürlich guten Wein. Zu ihnen zählen Persönlichkeiten und Berühmtheiten wie Voltaire, Napoleon III., Igor Strawinsky, Pjotr Tschaikowski, Vladimir Nabokov, Henri Bergson, George Byron, Ernest Hemingway, Graham Greene, F. Scott Fitzgerald, Coco Chanel, Charlie Chaplin, Charles Lindbergh, Audrey Hepburn, Georges Simenon, Peter Ustinov, Freddie Mercury, Phil Collins, Barbara Hendricks, David Bowie, Jean Alesi, Paloma Picasso oder Henri Verneuil – um nur einige zu nennen. Im Waadtland sind aber auch viele illustre Persönlichkeiten geboren oder haben hier ihren Wohnsitz gefunden: die Industriellen Henri Nestlé und François-Louis Cailler, der Erfinder der Milchschokolade, der Waadtländer Schriftsteller Charles Ferdinand Ramuz oder Filmemacher Jean-Luc Godard.

Das Waadtland ist nicht nur das Ursprungsterroir des Chasselas – er mundet hier auch besonders gut.

Die Weite des Genfersees ist atemberaubend schön – egal zu welcher Jahreszeit.

Der Clos du Boux, ein von den Bernern ab 1630 erbautes herrschaftliches Wohnhaus mit gelber Fassade, dominiert das Dorf Epesses (links über dem Rebberg).

Alle haben sie hier kreiert und den lokalen Wein genossen. Ernest Hemingway kam beispielsweise zum ersten Mal im Januar 1922 in die Schweiz und wohnte in der «Pension de la Forêt» in Chamby. Hier schrieb er mehrere Kapitel seines Romans «In einem anderen Land», inspiriert von seinen Schlittenfahrten in Les Avants und den Spaziergängen im Schnee in Les Bains de l'Alliaz. Graham Greene, Schöpfer der Nachkriegs-Novelle «Der dritte Mann», verbrachte sein letztes Lebensjahr in Vevey. Im Palace Hotel in Montreux lebte Vladimir Nabokov bis zu seinem Tod und veröffentlichte hier unter anderem seine Übersetzung von «Eugen Onegin». Filmemacher Jean-Luc Godard hat zahlreiche seiner Filme im Waadtland gedreht. So meinte er: «Die Waadtländer Region habe ich hundertfach gefilmt. Das Waadtland ist mein Los Angeles. Die Genferseeregion hier hat etwa dieselben Dimensionen wie das Stadtgebiet von Los Angeles, und hier gibt es auch noch Wälder, Kieselstrände und Wasser. Sie bildet ein ideales Filmstudio. Ein Studio für Aussenaufnahmen, das gross, aber auch wieder nicht zu gross ist.» Godard ist inzwischen Waadtländer: «Ich würde niemals sagen, dass ich Schweizer bin. Ich bin Waadtländer. Das Waadtland ist ja der einzige Schweizer Kanton, der sich selber als Land bezeichnet. Und die Waadt ist der einzige Kanton, den Napoleon befreit hat – von der Berner Herrschaft.»

Schon im 11. Jahrhundert pflanzten die Zisterziensermönche im Lavaux die ersten Reben und führten den Bau von Terrassen ein.

Das Weinbaugebiet Lavaux erstreckt sich zwischen Lausanne und Vevey auf über 760 Hektaren.

Dem würden jetzt die Walliser natürlich zu Recht widersprechen, aber wir bleiben auf Waadtländer Terroir. Auch der Monster-Roman «Frankenstein» hat hier seine Wurzeln. Die Autorin Mary Shelley lernte 1816 in Cologny Lord Byron kennen. Zusammen verfassten sie Gruselgeschichten, aus denen schliesslich «Frankenstein oder der moderne Prometheus» entstand. Er erzählt die Geschichte des jungen Schweizers Viktor Frankenstein, der künstliche Menschen erschuf. Eine Geschichte, die Weltruhm erlangt hat und regelmässig neu verfilmt wird. Die Beispiele sind zahlreich und mit jedem Jahr werden es mehr. Kurz: Das Waadtland ist ein hochkreatives Terroir – auch für den Wein.

Es wird gerne gesagt, dass der Wein nicht gerne reist oder zumindest an seinem Ursprungsort am besten schmeckt. Was den Chasselas anbelangt, kann ich dem nur beipflichten, denn eines meiner Rituale bei einem Besuch in der Region besteht darin, noch bevor ich die Koffer ausgepackt habe, ein Glas Chasselas zu geniessen und seine Energie zu spüren – und das ist einmalig, denn in keiner anderen Weinregion der Welt verspüre ich so stark das Bedürfnis, mich sofort mit dem lokalen Wein zu begrüssen.

Ein Besuch im Winzerdörfchen Cully am Genfersee ist ein Muss. Strategischer Apéro-Tisch vor dem Hotel Auberge du Raisin: Wer hier mit Hoteldirektor Jean-Jacques Gauer den Apéro geniesst, riskiert, das Nachtessen zu verpassen. Im lokalen Fischgeschäft von Cully können frische Filets de Perche erworben werden.

Das Gebiet ist in sechs Regionen unterteilt, die acht AOC (Appellation d'Origine Contrôlée) enthalten. Die bekannteste Region, das Lavaux, bietet eines der schönsten Panoramen der Welt. Das 30 Kilometer lange Rebbaugebiet entlang des Genfersees ist ein grossartiges Geschenk der Natur, aber auch die Frucht harter menschlicher Arbeit. Seit Generationen wird hier der Hang von den Weinbauern terrassiert und mit Steinmauern gestützt.

Der Lac Léman hat zahlreiche Künstler und Kreative angezogen und motiviert, unvergessliche Werke zu schaffen.

Ihren Anfang nahm die Weinproduktion in dieser Gegend bereits im 11. Jahrhundert unter den Zisterziensern und Benediktinern. Das heute in das UNESCO-Welterbe aufgenommene Gebiet umfasst 14 Gemeinden und sechs Weinbaugebiete mit kontrolliertem Anbau. Man sieht das Gebiet gleich links, wenn man mit dem Zug von Fribourg Richtung Lausanne unterwegs ist und aus dem Tunnel kommt. Ich kann es jeweils kaum erwarten, denn dieser erste Anblick des Genfersees, der Alpen und der Weinberge ist so unbeschreiblich schön, dass ich mich gar nicht sattsehen kann. Hier kultivieren zahlreiche Topwinzer die wohl besten Chasselas-Weine der Schweiz. So etwa Blaise Duboux, Pierre-Luc Leyvraz oder Pierre und Basile Monachon. Natürlich auch die Familien von Luc Massy und Louis-Philippe Bovard, der gerne als Grandseigneur des Chasselas bezeichnet wird. Er produziert im Lavaux in zehnter Generation Wein und vinifiziert unter anderem den bekannten Dézaley «La Médinette», der neben dem «Aigle les Murailles» (Eidechsli-Wy) zu den bekanntesten Schweizer Weinen zählt. Bovard ist auch Gründer des «Conservatoire Mondial du Chasselas», einer Bibliothek von verschiedenen Chasselas-Rebstöcken. Inzwischen können die Weine von 19 verschiedenen Chasselas-Klonen verkostet werden. Ich hatte die Ehre, mit ihm das Buch «Chasselas – Von Féchy bis Dézaley» zu realisieren, und genoss es sehr, von seinem Wissen getragen die Tradition dieser charismatischen Region zu entdecken.

Seit über 2000 Jahren gedeihen im Lavaux Chasselas-Rebstöcke.

Zwei Generationen Massy –mit Luc und Grégory im Weinberg über dem Familienhaus.

So erklärte mir Monsieur Bovard, der stets eine Schiebermütze und eine dunkle Hornbrille trägt: «Der Chasselas kam hier im Lavaux vor 2500 Jahren zur Welt. Er war während der Römerzeit präsent und dann sicher im 12. Jahrhundert, als die Zisterziensermönche mit der Ausweitung der Rebberge begonnen haben. Seit dem 17. Jahrhundert ist die Sorte im Süden Deutschlands zu finden sowie am Hof des Königs von Frankreich. Im Beaujolais nimmt sie den Namen Chasselas an. Seit Beginn des 20. Jahrhunderts gehört Chasselas weltweit zu den Referenztraubensorten aller Forschungsanstalten. Für den Kanton Waadt ist die Traube heute eine absolute Referenz.»

Ein Clos ist ein von einer Steinmauer eingezäunter Rebberg.

Louis-Philippe ist ein ausgebildeter Jurist und Ökonom, der 1934 im Herzen des Lavaux zur Welt kam. Er hat deshalb auch eine ganz besondere Bindung zu seiner Heimat, seinem Erbe und seiner Kultur. Nach seinen Tätigkeiten als Werbefachmann und Direktor des «Comptoir Suisse» übernahm er 1983 das Familiengut in zehnter Generation. Er hinterfragte dessen Tradition, löste sich von ihr, bewahrte aber gleichzeitig ihre besten Elemente. Zudem führte er im Lavaux den Syrah, den Chenin Blanc und den Sauvignon Blanc ein und prophezeit dem Merlot an den Hängen des Genfersees eine grosse Zukunft. Im Hinblick auf die globale Klimaerwärmung testet er immer wieder neue Rebsorten. Er engagiert sich für biodynamischen Anbau und leitete die Studie über die Waadtländer Terroirs und Rebsorten in die Wege, nach deren Erkenntnissen er sich bei der Einführung neuer Rebsorten richtet. Gleichzeitig ist er führende Kraft zahlreicher Projekte rund um den Waadtländer Wein. Heute spielt die Domaine Bovard in Cully eine führende Rolle im Anbaugebiet des Lavaux und bewirtschaftet 17 Hektaren Rebland, davon 4,5 in der legendären Grand-Cru-Lage Dézaley.

Das Wohnhaus von Luc Massy thront oberhalb des Clos du Boux.

Cully ist generell ein guter Ausgangspunkt für einen Aufenthalt im Lavaux. Denn hier befindet sich das romantische Hotel «L'Auberge du Raisin» mit seinem wunderbaren Restaurant. Unbedingt die bekannten Filets de Perche geniessen und übernachten. Die Weinkarte ist beachtlich und das historische Hotel liegt mitten in diesem kleinen Dorf direkt am Genfersee.

Unweit von Bovard lebt sein Cousin Luc Massy. Seine gleichnamige Domaine ist eine Perle im Lavaux – und praktisch auf allen Tourismusfotos der Region zu sehen. Denn sie liegt eingebettet in den steilen Rebbergen auf halber Seehöhe. Die Familie Massy kultiviert hier seit Generationen Wein. Ende des 19. Jahrhunderts erwarb Lucs Grossvater Albert Massy die ersten Parzellen. Inzwischen verarbeitet Luc zusammen mit seiner Frau Margaret und den zwei Söhnen Benjamin und Gregory acht Hektaren. Auf der Domaine befindet sich ein prachtvolles historisches Herrschaftshaus aus dem 17. Jahrhundert.

Drei Phasen der Traube:
am Stock, während des Gärens
und nach dem Abpressen.
Unten: Luc Massy mit seinen zwei
Söhnen Gregory (l.) und Benjamin.

Vom Garten aus blickt man über die Weite des Lac Léman auf das französische Evian und die Savoyer Berge. Topwein ist der Dézaley «Chemin de Fer», der seinen Namen der Eisenbahnlinie verdankt, die mitten durch die Reben führt. Die Ursprungsgeschichte geht auf Mitte des 19. Jahrhunderts zurück, als die Strecke Paris-Lausanne-Mailand gebaut wurde. Dafür wurden die Reben, die damals bis ans Seeufer reichten, geopfert. Durch die Bauarbeiten entstand eine neue Parzellierung und eine davon wurde zum «Clos du Chemin de Fer». In den 1960er-Jahren entschied man sich, auf das «Clos» im Namen zu verzichten. Damit konnten auch benachbarte Parzellen in den Wein miteinbezogen werden. Das Etikett ist allerdings unverändert seit je und zeigt, von wenigen Retuschen abgesehen, immer noch den unverkennbaren Art-déco-Stil wie vor bald 100 Jahren. 90 Prozent der Domaine sind mit Chasselas bestockt, weiter sind etwas Pinot Noir und Gamay zu finden.

Luc Massy zählt zusammen mit seinem «Chemin de Fer» zur Gruppe «La Baronnie du Dézaley». Sie wurde 1995 gegründet mit dem Ziel, die Wertschätzung des Grand Cru Dézaley, dieses mythischen, bereits seit einem Jahrtausend gefeierten Weins, zu fördern. Die zwölf Mitglieder der Baronnie sind untereinander durch eine Qualitäts-Charta gebunden, die sie verpflichtet, genaue Regeln bezüglich Anbau und Vinifikation für den unter der Appellation «Dézaley – Grand Cru» angebotenen Chasselas einzuhalten.

Typisches Winzermittagessen im Weinkeller. Jeder Winzer brachte seinen Wein mit und dazu wurde eine Kalte Platte mit lokalen Spezialitäten serviert. Ich hatte die Ehre, zwischen André Fuchs und Philipp Schenk zu speisen. Unten rechts: An der Decke des Weinkellers haben sich die verschiedenen Kellermeister, die hier gearbeitet haben, verewigt. Die Namen wurden mit dem Rauch einer Kerze geschrieben.

Die erste Begegnung mit Lucs Weinen macht man am besten im unweit des Weinguts gelegenen Restaurant Auberge du Vigneron in Epesses. Die Speisekarte ist zwar klein, aber sie enthält eines der besten «Filets de Perche»-Gerichte der Region. Was im Wallis das Raclette ist, ist das «Filet

AEBI
1843
S.G. Goldau
1973
MARK
OAF 2011
1823
1839
JORGE
2001

BUVEZ du VIN
et
vivez joyeux

Louis-Philippe Bovard vor seinem Keller. Der Grandseigneur des Chasselas lebt in Cully.

Der bekannteste Wein von Bovard ist La Médinette.

de Perche» (Eglifilet) im Waadtland. Der Genfersee ist der grösste See des Alpenraums und Heimat von rund 30 verschiedenen Fischsorten – entsprechend variabel sind manchmal auch die «Filet de Perche»-Kreationen. Basisrezept: Fischfilets werden mit etwas Butter in einer Bratpfanne gebraten, leicht gesalzen und sofort frisch serviert. Dazu kann man Salzkartoffeln, Baguettes, Reis und natürlich rassigen Chasselas geniessen.

Reist man vom Lavaux Richtung Genf, fährt man bald einmal durch das Gebiet der La Côte. Jedes Mal, wenn ich die Côte besuche, habe ich das Gefühl, der französischen Weinkultur etwas näher zu sein, und zwar nicht nur, weil sich dieses Gebiet tatsächlich geografisch Frankreich nähert, sondern vielmehr, weil es in der Côte diese Fülle an Schlössern, Domänen und Festungen hat, denen man in der Regel in französischen Weinbaugebieten begegnet. Eine solche Fülle an «Weindomainen» gibt es sonst in der Schweiz nicht mehr. Von den insgesamt im Kanton Waadt existierenden 42 Weinbauschlössern befinden sich sage und schreibe 32 in La Côte, was dem Terroir auch den Beinamen «aristokratische Appellation» eingebracht hat. Die Weine aus der Côte zählen zusammen mit den Weinen aus dem Lavaux zu den bekanntesten Chasselas-Weinen der Schweiz – Weine wie Château de Vinzel, Château de Luins, Château d'Allaman, Château de Vufflens oder Château de Châtagneréaz. In der Côte ist jedes Dorf um ein nahe gelegenes Château angelegt. Und wenn im Lavaux der Bischof regierte, so war es in der Côte die Aristokratie. Es waren wohl ursprünglich die Mönche, die die Rebberge verwalteten, aber die Aristokratie hat sehr viel dazu beigetragen, dass sich der Weinbau in der Côte derart ausgebreitet hat.

Die Region Waadt war zudem bekannt dafür, viele protestantische Flüchtlinge aufgenommen zu haben, vor allem französische Hugenotten. Diese brachten ihre Kenntnisse in Industrie und Finanzwesen mit, was die wirtschaftliche Entwicklung des Waadtlandes förderte. Napoleon Bonaparte, der die Schweiz auf seinem Eroberungszug durch Europa durchquerte, befreite die Waadt 1798 von der Herrschaft ihres mächtigen Nachbarn, des Kantons Bern. Napoleon gab dem Kanton Waadt 1803 auch seine erste Verfassung, parallel zum Beitritt der Waadt zur Eidgenossenschaft.

Das Wappen des französischsprachigen Kantons Waadt/Vaud ist waagrecht zweigeteilt. Das obere Feld ist weiss oder silbern, das untere grün. Grün symbolisiert Freiheit und geht auf die am 23. Januar 1798 proklamierte Lemanische Republik zurück. Im oberen weissen Feld steht in Goldlettern das französische Motto «Liberté et patrie» (Freiheit und Vaterland) – zwei Begriffe, die wie der Chasselas zum Fundament des Schweizer Charakters gehören.

Eine meiner liebsten Domainen ist das Château de Châtagneréaz, und ich freue mich immer, hier den jungen Chasselas direkt aus den grossen Fässern zu verkosten. Einerseits wegen des Weins, aber andererseits auch wegen der einmaligen Gewölbedecke des Kellers, die voller «Graffiti» aus vergangenen Zeiten ist.

Lokale Küche und lokaler Wein sind eine kulinarische Harmonie.

So war es Tradition, dass frühere Kellermeister mithilfe einer Kerze ihren Namen an der Decke verewigten sowie andere persönliche Geheimcodes. Optisch erinnert mich diese Decke immer an ein Geheimdokument, das Dr. Robert Langdon aus Dan Browns «Da Vinci Code» zu entschlüsseln hat. Wie dem auch sei – wir assen in diesem speziellen Keller ein rustikales Mittagessen mit zahlreichen Winzern sowie Philippe Schenk und André Fuchs.

Klassische Abfüllungen des Waadtland passen hervorragend zu lokaler Küche und auf jeden Fall immer zu einem Apéro-Teller. Meist bleibt es nicht bei einer Flasche, zumal der Wein den Ruf geniesst, ein «Vin de soif» zu sein.

Der Ursprung des Namens Châtagneréaz geht auf die Kastanienwälder zurück, die einst die Region der Côte bedeckten. Die ersten schriftlichen Hinweise auf Weinbau in Châtagneréaz datieren auf das Jahr 996, während die ältesten Überlieferungen des Schlosses auf das Jahr 1177 zurückgehen. Im Verlauf der Jahrhunderte wechselte das Château mehrmals den Besitzer, bis es 1945 in den Besitz der Familie Schenk kam, die zahlreiche andere Schlösser der Region besitzt sowie eine Fülle an Domainen im Ausland. Zahlreiche ihrer Schweizer Adressen sind Mitglieder der Vereinigung «Clos, Domaines & Châteaux». Diese Vereinigung ist zudem ein Qualitätslabel. Jeder Mitgliedsbetrieb befolgt ein strenges, qualitätsorientiertes Reglement. Die Reben müssen umweltschonend kultiviert werden, um den Fortbestand der Weinberge für künftige Generationen sicherzustellen.

Das offizielle Gütesiegel Vitiswiss ist eine Voraussetzung für die Mitgliedschaft. Es bezeugt, dass die Winzer Weiterbildungen absolvieren und in ihren Rebbergen die Grundsätze der Integrierten Produktion (IP) anwenden. «Clos, Domaines & Châteaux» ist auch ein Spiegel der Schweizer Seele, die das Wohl der Gemeinschaft schützt und pflegt, denn schlussendlich sind wir ein Land des Konsens–oder zumindest der Konsenssuche, der Präzision und des Strebens nach hoher Qualität. Im Falle des Chasselas kann diese Qualität seit Generationen an den Ufern des Genfersees entdeckt werden.

Fotos Christoph Kern

GAJA – HAUTE COUTURE AUS DEM PIEMONT

Seit der Antike sind die Hügel des Piemonts berühmt für hervorragende Weine. Doch erst seit Barbaresco önologische Bühne für den begabten Angelo Gaja wurde, träumen Weinliebhaber weltweit von den Weinen dieser Region. Denn sie erzählen uns unvergessliche Geschichten aus Italien, wie die frühen Filme von Federico Fellini.

Ganz eng mit dem Piemont ist ein Winzer verbunden, der nicht nur der ganzen Region zu internationalem Ansehen verholfen hat, sondern unermüdlich für die Qualität italienischer Weine einsteht. Es handelt sich um Angelo Gaja, dessen Familienbetrieb in Barbaresco zu den weltweit bekanntesten und wichtigsten Weingütern zählt. Gaja ist ein Perfektionist mit Visionen, einem strikten Qualitätsbewusstsein und Ausdauer, der die harte Arbeit liebt und italienische Weingeschichte geschrieben hat.

«Fare
Saper Fare
Far Fare
Far Sapere.»

So begann Angelo Gaja seine Rede an der Wine Experience in New York, einem der weltweit wichtigsten Weinevents, der von der amerikanischen Fachzeitschrift Wine Spectator organisiert wird. Weinbetriebe können sich für die Teilnahme nicht anmelden, sondern werden von der Redaktion sehr selektiv eingeladen, zumal sich hier die Weinelite der Welt versammelt. Mit seinem kurzen Vers erklärte Angelo Gaja den 2000 Gästen kurz und bündig das Rezept seines Erfolgs. Auf Deutsch bedeutet das etwa so viel wie «Arbeite mit höchsten Qualitätsansprüchen, motiviere dein Team und sprich drüber».

Angelo Gaja wurde 1940 in Alba geboren, studierte Önologie und Wirtschaft und trat 1961 in das Familienunternehmen Gaja ein, dessen Leitung er 1969 übernahm – also im Jahr der Mondlandung und der Lancierung des 007-Films «On Her Majesty's Secret Service». Das ist sage und schreibe über ein halbes Jahrhundert her und Angelo, dessen drei Kinder Gaia, Rossana und Giovanni inzwischen auch im Betrieb arbeiten, ebenso wie seine Frau Lucia, spricht nach wie vor mit derselben charismatischen Energie über seine Arbeit und seine Familie. Und natürlich über neue Projekte – wie etwa dem auf dem Vulkan Ätna, das er gerade zusammen mit Siziliens Starwinzer Alberto Graci umsetzt.

Die hügelige Landschaft des Piemonts ist verträumt und von Reben durchzogen. Beim Genuss der Weine denkt man unvermeidlich an ihre Schönheit.

Angelo ging immer seinen eigenen Weg und auch neue Wege. Er ist ein ungeduldiger Macher, ärgert sich über bürokratisches Verhinderungsverhalten und ist ein Skeptiker der Massenbewegung. Seine Philosophie wird von der Perfektion und dem Streben nach höchster Qualität

Die traditionellen Weinfässer der Kellerei. Typisch für Gaja auch der Boden mit Basaltstein. Hier reifen die hochwertigen Weine.
Rossana Gaja geniesst den Wein aus dem typischen Nebbiolo-Glas. Es ist etwas bauchiger und grösser, damit sich die delikaten Aromen dieser Traube gut entfalten können.

23
Lt. 5.000
18
19

«Gehe nie in die Richtung, in die alle gehen.»

Die Familie Gaja lebt Wein Tag für Tag.
V. l. n. r.: Rossana, Lucia, Angelo und Gaia.

und authentischer Sprache genährt. Eine Sprache, die eng mit dem Terroir, also der Herkunft verbunden ist. Auch wenn er seit Jahrzehnten die Welt bereist, geht er immer wieder gerne nach Hause, nach Barbaresco, das sich auf einem der zahlreichen piemontesischen Hügel befindet. Dank ihm hat die bekanntere Nachbarstadt Barolo einen gleichwertigen Konkurrenten erhalten. Beide produzieren aus derselben Traubensorte, dem Nebbiolo, Spitzenweine, wobei die aus Barbaresco im entferntesten Sinn als filigraner, femininer und athletischer bezeichnet werden können und die aus dem Barologebiet als kräftiger, muskulöser und etwas männlicher. Im Tenniscourt würde das etwa Roger Federer gegen Nadal entsprechen.

Das Piemont ist keine einfache Weinregion, zumal ihre Weine flüssige Literatur sind, für die man einen geschulten Gaumen braucht. Natürlich gibt es immer Ausnahmen – wie ja immer im Wein – aber das Piemont besitzt – wie übrigens nicht alle Weingebiete dieser Erde – die optimale Synergie zwischen Terroir, Klima und Rebselektion, um Herkunft der grössten Weine der Welt zu sein.

PARTITA N.

Im neuen Keller ist, wie überhaupt in der ganzen Kellerei, alles blitzblank geputzt. Die Gärbottiche aus Holz waren bei unserem Besuch das erste Mal im Einsatz.

«Konkurrenz belebt.»

Denn neben den qualitativen Eigenschaften besitzen die Topweine auch eine schier endlose Lebensdauer. Um das Piemont auch in einen internationalen Kontext zu stellen, vergleiche ich es gerne mit dem Burgund. In beiden Gebieten arbeiten «Bauern» mit dem Land oder eben Handwerker, die wie die Meister der Haute Couture Jahr für Jahr zeitlose Schönheit kreieren. In beiden Gebieten ist der Besitzer des Betriebs eng mit seinem Boden verbunden. Er kennt die Erde, das Wetter, den Nachbarn. Architektonisch sind die Betriebe auch weniger opulent und selten von der Grösse eines Schlosses – ganz im Gegensatz zu Bordeaux oder der Toskana, die, vom Adel der letzten Jahrhunderte geprägt, eine ganz andere Weintradition leben. Hierarchie ist dort kein Fremdwort und der Weingutsbesitzer ist oftmals etwas seltener im Keller oder im Weinberg. Visuell sichtbares Prestige ist zentral, wie auch die Assemblage. Denn während die meisten grossen Weine aus Bordeaux und der Toskana das Resultat der Assemblage verschiedener Traubensorten sind, brilliert im Piemont und im Burgund der reinsortige Wein.

«Ich bin ein Handwerker, der absolut keine Mühe mit der Konkurrenz hat. Ich wollte auch nie den Markt dominieren. Ich finde, Konkurrenz ist belebend und lehrreich», betont Gaja, der auch immer grossen Wert auf optische Eleganz legt, die durch schlichtes Design erreicht wird. Das schwarz-weisse Etikett seiner Flaschen hat etwas von Lagerfelds Look und Angelo selber trägt gerne Schwarz, das seit ein paar Jahren zusätzlich durch eine schwarze Brille ergänzt worden ist.

Die Gaja-Flaschen bringen jeden Weinliebhaber zum Träumen. Einen Gaja zu trinken ist immer ein ganz spezieller Moment.

Barolo und Barbaresco sind ein önologisches Kulturgut und Weine mit einem ganz speziellen Charakter.

In all den Jahren, die ich jetzt in Sachen Wein unterwegs bin, habe ich gelernt, dass man immer am meisten über ein Gebiet oder einen Wein lernt, wenn man dem Produzenten zuhört. Und erzählen kann Angelo – stundenlang, wobei er nicht wirklich über den Wein spricht, sondern über alles drumherum. Das Dorf, Italien, die Welt und die Menschen.

Ursprung jedes Barolos ist die Nebbiolo-Traube–eine kapriziöse Prinzessin. Seit der Antike wird sie in den Hügeln der Langhe um Alba angebaut. Ihr Name kommt von «nebbia», Nebel–was einerseits auf den weissen Belag auf ihren kleinen, dickschaligen Trauben anspielt, andererseits aber auch auf den Nebel, der sich im Herbst wie ein Schleier über die Hügel legt.

Nebbiolo ist besonders anspruchsvoll, was Boden und Lage betrifft. Er gedeiht praktisch nur auf kalkhaltigen Mergelböden und verlangt steile Südhänge. Dies ist wohl die Ursache dafür, dass Nebbiolo nur im Piemont erfolgreich angebaut wird–woanders fehlen einfach die perfekten Voraussetzungen.

Nebbiolo liefert tanninreiche, extrem ausdrucksstarke Weine, die lange reifen müssen, bis sie ihren vollen Geschmack entfalten. Ein guter Barolo sollte mindestens fünf Jahre alt sein – man kann ihn aber problemlos 50 bis 60 Jahre lagern. Die Traube zeichnet sich weiter durch hohe Säure- und Gerbstoffwerte aus, die für die ungewöhnliche Langlebigkeit und Eleganz des Weins verantwortlich sind. Die Farbe ist nicht sonderlich dunkel und gewinnt mit den Jahren gerne einen dezenten Braunton. Aromatisch ist der Nebbiolo eine wahre Wundertüte, zumal man Dörrfrüchte, Kirschen, Lakritze, Gewürze, Blaubeeren und Leder entdeckt. Diese Vielfalt entwickelt sich je nach Machart des Weins anders.

Typisch ist auch der relativ hohe Alkoholgehalt (12,5 bis 14,5 Volumenprozent). Trinkt man einen Barolo oder einen Barbaresco zu jung, also in seinen ersten drei Lebensjahren, wird man gerne enttäuscht. Die Tannine sind noch zu vordergründig und hinterlassen auf der Zunge einen pelzigen, trockenen Eindruck. Weitere wichtige Sorten sind Dolcetto und Barbera, die man jedoch zu ganz unterschiedlichen Gelegenheiten trinkt. Eine perfekte Erklärung dafür hörte ich zufällig am Nachbartisch bei unserem Mittagessen in der Osteria Campamac in Barbaresco. Ein Gast hatte drei Gläser vor sich.

Ins erste goss er etwas Barbera d'Alba 2015, ins zweite Dolcetto 2014 und ins dritte Langhe Nebbiolo 2013 und erklärte seinem Vis-à-vis: «Barbera trinke ich nicht so viel. Der Wein ist zu schwer für mich, obschon er verführerisch ist wie kein anderer. Nach einem halben Glas habe ich genug. Vom Dolcetto kann ich schon etwas mehr trinken. Ein Glas am Abend ist perfekt. Für mich ist dies

Täglich frisch zubereitete Taglierini, die man auch kaufen kann. Sehr gerne serviert man dazu etwas Tartufo Bianco. Lunch oder Dinner in der Osteria Campamac in Barbaresco ist ein Muss.

Zuerst Piemont, dann Toskana und dann Sizilien. Die Gaja-Terroirs.

der Wein für alle Tage, weil er sehr fruchtig ist. In meiner Tradition ist dies der Wein, den man zu Pasta trinkt. Am meisten Emotionen erlebe ich aber mit dem Nebbiolo. Ein Dolcetto oder ein Barbera lösen in mir nie dasselbe Gefühl aus wie ein Nebbiolo. Die Tannine dieser Traube sind einzigartig und ich kann mir vorstellen, dass man ähnliche Tannine in den grossen Weinen des Burgunds findet.» Herrlich, musste ich denken, während ich einen Schluck Gaja Barbaresco 2015 trank, der natürlich perfekt zu den hausgemachten Taglierini passte – zwei zeitlos schöne Genussmittel, die in ihrer Einfachheit immer passend sind. Und um nochmals Angelo Gaja zu zitieren: «Wer zu trinken versteht, weiss auch zu leben.»

Auch wenn die Gajas inzwischen in verschiedenen Weingebieten Italiens Wein anbauen, ist die Palette doch immer schön schlank und übersichtlich geblieben. Die bekanntesten Weine sind der Barbaresco, die drei Lagen-Barbarescos Costa Russi, Sori Tildin und Sori San Lorenzo, sowie der Chardonnay Gaia & Rey, der Barolo Sperss und der Cabernet Sauvignon Darmagi. IDDA ist der Name des jüngsten Projektes – der ursprüngliche Name des Ätnas. Die Weine wurden lanciert – mit Bravura und «Far Sapere».

Fotos Jacopo Salvi

JOSEPH DROUHIN – TRADITIONELLE VIELFALT AUS DEM BURGUND

Das Burgund ist eines der kompliziertesten Weinbaugebiete der Welt, da aus ähnlichen Komponenten eine schier ungreifbare Vielfalt an Weinen kreiert wird. Botschafter der Region sind die zwei Traubensorten Chardonnay und Pinot Noir sowie traditionelle Familienbetriebe wie die Maison Joseph Drouhin, die heute von den Geschwistern Philippe, Véronique, Laurent und Frédéric geführt wird.

Die Familie Drouhin gehört zu den wichtigsten Weinproduzenten des Burgunds und hat ihren Sitz im Herzen des Städtchens Beaune. Sie produziert jährlich über 90 verschiedene Abfüllungen und exportiert diese in alle Welt, wobei die Weine nach biodynamischen Richtlinien vinifiziert werden. Sie besitzt 78 Hektaren in diversen Terroirs und kauft auch Trauben von langjährigen Lieferanten dazu.

Das Burgund hat denselben Charakter wie ein grosser Wein. Denn auf den ersten Blick, beziehungsweise Schluck, sieht es noch einfach aus – doch je länger man sich damit auseinandersetzt, desto komplizierter, spannender, besser und tiefgründiger wird es. «Einfach» würde man im ersten Moment denken, da im Burgund ja «nur» zwei Traubensorten wichtig sind – Chardonnay für Weissweine und Pinot Noir für Rotweine. Man merkt jedoch schnell, dass es für das Genussverständnis mehr Wissen braucht als in jeder anderen Weinregion der Welt, mit der Ausnahme vielleicht der klassischen deutschen Weinbauterroirs, die auch etwas Kopfzerbrechen bereiten können. Das Stichwort ist gefallen: «Terroirs». Das Burgund ist ein Terroir-Mekka, oder, noch präziser ausgedrückt, ein «Climat»-Mekka. Dabei handelt es sich um einen speziellen burgundischen Ausdruck für das Terroir. Seit Jahrhunderten sorgfältig unterschieden, beschreibt jedes Climat eine Weinparzelle, die ihren Namen, ihre Geschichte, ihren Geschmack und ihren Platz in der Hierarchie der Weine hat.

Mehr als 1000 Climats reihen sich auf einem schmalen Streifen zwischen Dijon und Santenay im Süden von Beaune aneinander. Einige von ihnen heissen Chambertin, Romanée-Conti, Clos de Vougeot, Montrachet, Corton oder Musigny. Sie lassen das Herz eines jeden Burgund-Liebhabers höherschlagen, und auch wenn darauf nur zwei unterschiedliche Traubensorten gedeihen, schmecken die Weine jeweils komplett anders, ganz zu schweigen von ihren unterschiedlichen Verkaufspreisen.
Aus diesem Grund sind Produzenten wie die Maison Joseph Drouhin ein sicherer Wert.

Mehr als 1000 Climats machen das Burgund aus. Hier bestimmt das Terroir alles.

Durch die Burgunder Rebberge kann man wunderbar spazieren oder auch mit dem Fahrrad touren.

Denn man kann dank ihnen wie an der Hand geführt in diese Weinwelt einsteigen und ist generell sicher, einen zugänglichen, bodenständigen, preislich korrekten Vertreter seines Terroirs zu finden. Drouhin-Weine sind ein guter Pflichtgenuss für das «1x1 des Burgunds».

Mein erster Kontakt mit Drouhin kam allerdings über deren Weingut in Oregon. 1987 erwarb Robert Drouhin hier in der Neuen Welt Land, um neue Expressionen des Pinot Noir zu realisieren. Verständlich, wenn man Jahr für Jahr in einer der traditionellsten Weinbauregionen der Welt zu Hause ist. Was als Experiment begann, gehört inzwischen fix zum Portfolio der Familie und ist eine perfekte Ergänzung zu den klassischen Abfüllungen des Heimatterroirs. Aufgebaut wurde das Weingut von Véronique Drouhin, die nach wie vor sehr passioniert von Weinen aus Oregon schwärmt. Im Vergleich zu den Burgundern sind sie eine Spur frivoler, barocker und auch unkomplizierter, ohne dabei trivial zu wirken.

Der Weinberg Clos des Mouches hat uns sehr fasziniert und wir genossen die Ruhe und Harmonie des Ortes sehr.

Drouhin setzt 100 % auf biodynamischen Weinbau.

Im Hospices de Beaune findet immer im November eine wichtige Weinauktion statt. Ein Muss für Burgunderfreunde.

LE MONTRACHET

Alfred Hitchcock und Louis de Funès waren Freunde des Hauses.

Mein zweiter Kontakt zu Drouhin kam über einen ihrer Top-Pinots, den Clos des Mouches. Ein herrlich komplexer und aromatischer Genuss, dessen aromatische Schichten dicht und gedrungen das Innere des Weins umhüllen. Im Burgund bezeichnet «Clos» übrigens einen von Mauern eingefassten Weinberg. Diese Mauern dienten ursprünglich dazu, die Eigentümer zu begrenzen – ob sie nun religiösen Einrichtungen, den Fürsten des Burgunds oder dem französischen König gehörten. So bezeichnet etwa das Climat Le Clos de Vougeot den Clos der Zisterziensermönche in Vougeot. In Gevrey-Chambertin schenkte der Fürst Amalgaire den Mönchen des Klosters Bèze einen Clos, der zum Clos de Bèze wurde. «Der Name ‹mouches› bedeutet Fliegen», erklärte mir Véronique. «Einst gab es Bienenstöcke in diesem sonnenverwöhnten Clos. Im lokalen Dialekt wurden damals die Bienen ‹mouches à miel› (Honigfliegen) genannt, daher der Name Clos des Mouches. Es ist eines der ersten Weingüter, das in den 1920er-Jahren von Maurice Drouhin, dem Sohn des Gründers, erworben wurde. Mit grosser Entschlossenheit kaufte er 41 verschiedene Parzellen von acht Besitzern, da er an die Güte dieses Terroirs glaubte», betont Véronique weiter. Wie recht er doch hatte. Inzwischen ist das Terroir gleichmässig mit Chardonnay und Pinot Noir bepflanzt und ein Aushängeschild für das Haus Joseph Drouhin. Beim genauen Betrachten des Etiketts sind die «Mouches» immer noch zu erkennen.

Wir besuchten den Rebberg Clos des Mouches zusammen mit Véroniques Bruder Philippe Drouhin, der die Verantwortung für die Weinberge hat. Seine Passion ist der biodynamische Weinbau und das Verständnis gegenüber der Pflanze. Er scheint sie ständig zu beobachten und von ihr zu lernen. «1988 habe ich mich in die Weinberge verliebt. Damals war biologischer Weinbau noch nicht populär, aber ich dachte, das ist das Beste für die

Überall blühen Rosen. Eine Bourbon-Rose trägt sogar den Namen Zéphirine Drouhin und wurde zu Ehren eines Familienmitgliedes benannt.

CLOS
DES MOUCHES
JOSEPH DROUHIN

Zukunft. Im Rebberg Clos des Mouches begann die ganze Umstrukturierung und Erforschung dieser Umstellung. Wir gründeten 1995 auch eine Winzergruppe, um zusammen zu lernen – was wir auch heute noch tun», erklärt Philippe in seiner ruhigen, fokussierten Art und ergänzt: «Wir spüren hier die globale Erwärmung seit 1988 und es wird bald zu warm sein. Auch steigt das Durchschnittsalter der Trauben. Uns geht es vor allem darum, den bestmöglichen Wein zu vinifizieren und dabei darauf zu achten, dass die Natur intakt bleibt.»

Oben: Véronique Drouhin baute die Domaine Drouhin in Oregon auf und ist inzwischen auch für das Marketing zuständig. Sie ist nach wie vor von der aromatischen Vielfalt des Pinot Noir fasziniert. Links: Philippe Drouhin zeigte uns den Rebberg Clos des Mouches. Er verbringt seine Zeit am liebsten im Rebberg und kennt jede Parzelle in- und auswendig.

Bei der biodynamischen Kultivierung im Weinbau sind im Vergleich zur biologischen Variante nur eine Handvoll Mittel zum Pflanzenschutz erlaubt. Der Schwerpunkt liegt auf der Pflanzenstärkung mit biodynamischen Präparaten und Kräuterextrakten. Der Kompost gilt dabei als belebendes Element für den Boden, wobei der Naturkreislaufgedanke ebenfalls zentral ist. Das Burgund ist übrigens eine Hochburg des biodynamischen Weinbaus. Bekannte Produzenten sind unter anderem Domaine de la Romanée-Conti, Domaine de la Vougeraie, Domaine des Comtes Lafon, Domaine Leflaive, Domaine Leroy oder Domaine Pierre Morey.

Das Burgund ist eine der komplexesten und interessantesten Weinkulturen der Welt.

Doch zurück zu den Drouhins, deren Familiengeschichte ganze Bände füllen könnte, zumal sie seit Generationen unermüdliche Botschafter ihres Terroirs sind und Fans in der ganzen Welt haben. Ein guter Freund der Familie Drouhin war Alfred Hitchcock, der Burgunder liebte und ihnen auch einen Platz in seinen Filmen gab. So entdeckt beispielsweise Cary Grant im Schwarz-Weiss-Film «Notorious», dass in einigen Flaschen 1934er Pommard Uran versteckt ist. Unvergesslich

Nachtessen bei den Drouhins. Frédéric Drouhin ist ein leidenschaftlicher Koch. Er und seine Frau Claude haben uns ein herrliches Nachtessen bei sich zu Hause zubereitet. Mit dabei auf der Reise waren Madeleine Meyer, Christoph Blanck und Flavio Scannavino.

Die vier Drouhin-Geschwister kamen zwischen 1961 und 1968 zur Welt.

auch die Szene aus dem Film «Rear Window», in der Grace Kelly James Stuart einen Montrachet mitbringt. Regelmässiger Gast der Drouhins war auch Louis de Funès, der hier in Beaune im Hospice de Beaune den bekannten Anti-Nazi-Film «Die grosse Sause» («La Grande Vadrouille») drehte. «Er unterhielt sich mit meinem Vater gerne über Rosen», erinnert sich Frédéric. «Sie müssen wissen, dass auch in unserer Familie Rosenliebhaber lebten. Die Bourbon-Rose Zéphirine Drouhin wurde vom Schweizer Charles Gustave Bonnet zu Ehren der Frau eines unserer Vorfahren aus Semur-en-Auxois gezüchtet. Sie hat keine Dornen und duftet sehr stark. Auch wachsen aus ihr hohe Büsche.» Wir sahen einen solchen Rosenstock in Frédérics Privathaus, wo er uns ein herrliches Nachtessen kochte und reife Weine entkorkte, was zu meinem dritten unvergesslichen Drouhin-Moment führte. Denn beim Nachtessen bei Frédéric

stellte sich heraus, dass wir beide im selben Jahr geboren sind–und wie das bei älteren Semestern dann plötzlich so ist, sind gerade dann die Jahrgänge besonders trinkreif. Für mich bedeutete das, dass ich plötzlich einen 1968er Clos des Mouches im Glas hatte. Der Wein war so elegant und frisch–ich verlegen und berührt, diesen Wein verkosten zu können. «Ein 50-jähriger Wein, wann haben wir so was das letzte Mal getrunken? Wie kann man einen solchen Wein beurteilen?», schoss es mir durch den Kopf. Und einmal mehr hat mir ein Burgunder die Sprache verschlagen und ich musste daran denken, dass Weinliebhaber gerne unter sich diskutieren, ob sie lieber Burgunder oder Bordeaux trinken. Man könnte sich eigentlich auch fragen, ob man lieber Katzen oder Hunde hat, wobei Bordeaux-Liebhaber dann die Hunde-Liebhaber wären. Wer sich als Burgunder-Fan outet, zeigt, dass er keinen Stress hat, sich in einem önologischen Minenfeld zu bewegen.

Die Weinpalette von Drouhin ist enorm und umfasst knapp 100 Etiketten.

Denn ein Burgunder kann die Sinne einmalig positiv oder einmalig negativ berühren. Ein Burgunder kann im Extremfall wie ein Lebenselixier schmecken oder wie ein muffiger, unzugänglicher, oxidierter Wein. Einen solchen aromatischen Spagat habe ich beispielsweise bei einem Bordeaux noch nie erlebt. Ein Bordeaux ist in der Regel bodenständiger und von einer ganz anderen Struktur, wobei es im Wein ja immer Ausnahmen gibt. Dennoch wage ich zu behaupten, dass es wirklich nicht einfach ist, Burgunder zu verstehen,

Der italienische Weinexperte Flavio Scannavino liebte die Weine von Drouhin, als wir sie direkt aus dem Barrique verkosteten.

Die Weinkeller befinden sich im Herzen der Stadt Beaune und können auf Anmeldung besichtigt werden. Unbedingt auch eine Verkostung im Keller reservieren.

und dass vieles mit dem Zulassen von Emotionen zu tun hat. Wie beim Hören von klassischer Musik muss man beim Burgunder ganz tief hineinhören können und seine Melodie auch in sich hineinlassen.

Obschon im Burgund praktisch nur zwei Traubensorten verarbeitet werden, ist es sehr schwierig, eine simple Charakteristik des Weinstils wiederzugeben, geschweige denn über das Lagern der einzelnen Weine. Zu verschieden und zu individualistisch kommen die einzelnen Domaine-Abfüllungen daher. Ein grandioser Wein kann beispielsweise nur wenige Meter neben einem mittelmässigen wachsen, zumal das Geschick des Weinproduzenten enorm mitspielt. Und im Burgund trifft man auf unzählige Winzer und Önologen, die sich des internationalen Ruhms ihrer Weinregion mehr als bewusst sind und bei ihrer Arbeit weniger auf einen Trend oder gefälligen Geschmack achten, sondern einen Wein produzieren, der primär ihnen gefällt. Ergebnis: In keiner anderen Weinbauzone der Welt kann man so schnell lernen, wie unterschiedlich zwei aus derselben Traubensorte vinifizierte Weine schmecken können. Der langen Rede kurzer Sinn: Das Burgund zu erfassen braucht viel Zeit und Geduld. Aber eins steht fest: Manch ein Weinkenner kommt auf seiner langen Reise durch die zahlreichen Aromen der Weine dieser Welt immer wieder auf das Burgund zurück. Denn es gibt kaum einen eleganteren und delikateren Wein als einen gut gemachten Burgunder.

Fotos Jacopo Salvi

DONNAFUGATA – EXPRESSIVE WEINKUNST AUS SIZILIEN

Sizilien, das Dreieck an der Fussspitze des italienischen Stiefels, ist mit knapp 26 000 Quadratkilometern etwas kleiner als die Schweiz. Auf einer Anbaufläche von rund 120 000 Hektaren wird jährlich mehr Wein produziert als sonst in einer anderen Region Italiens. Zu den bekanntesten Gütern der Insel gehört Donnafugata.

Donnafugata ist ein familiengeführtes Weingut mit Sitz in Sizilien, das 1983 von Giacomo und Gabriella Rallo gegründet wurde und heute von ihren Kindern Josè und Antonio geführt wird. Die Trauben stammen von 405 Hektaren Rebflächen, die sich auf die vier Regionen Contessa Entellina in Westsizilien, Vittoria und Etna in Ostsizilien sowie die Vulkaninsel Pantelleria verteilen. Markenzeichen der Weine von Donnafugata sind die bunten Etiketten des italienischen Künstlers Stefano Vitale mit ihren Anspielungen auf diverse Meisterwerke der Literatur.

Sizilien ist nicht nur ein Knotenpunkt der europäischen Weinkultur, es ist auch die Wiege des italienischen Weins. Dank der strategischen Position am Fusse Italiens ist die Insel seit Jahrhunderten von zahlreichen Einflüssen fremder Kulturen geprägt, die sich hier niedergelassen haben. Das Resultat ist eine Vielfalt an charismatischen und expressiven Weinen, die sich einer grossen Beliebtheit erfreuen.

Lange bevor es die Weine von Donnafugata gab, entführte dieser Name in die Kultur und Geschichte Siziliens. In Giuseppe Tomasi di Lampedusas Klassiker «Der Leopard» reist der Prinz von Salina für den Sommeraufenthalt mit der ganzen Familie in den Sommersitz Donnafugata. Das bekannte Schloss hatte seinen Ursprung im 14. Jahrhundert. Auf seinen Grundmauern wurde aber in der zweiten Hälfte des 19. Jahrhunderts von Corrado Arezzo di Donnafugata ein neugotischer Palast errichtet, der heute im Besitz der Stadt Ragusa ist. Hier lässt Lampedusa seinen Protagonisten das bekannte Bonmot sagen: «Wenn wir wollen, dass alles so bleibt, wie es ist, müssen wir zulassen, dass sich alles ändert.» Salinas Worte fallen zur Zeit des Untergangs des sizilianischen Adels, den die Familie Salina allerdings gut übersteht, da der Prinz eine geschickte Heiratspolitik mit seinem Neffen Tancredi betreibt.

Volkskunst aus Mexiko ist Inspiration für die Donnafugata-Etiketten.

Es ist die Zeit der Revolution Garibaldis zur Einigung Italiens. Im Norden wurden die Österreicher vertrieben und im Süden das spanisch-bourbonische Königreich. Es folgten noch Jahre der Unruhe, bis es schliesslich 1861 zur Gründung Italiens kam.

Auf Pantelleria selber hat es keine Quellen. Das karge Land ist vom rauen Wind und der heissen Sonne geprägt.
Die Architektur ist von der Nähe zu Nordafrika beeinflusst.

Links: Contessa Entellina in Westsizilien. Hier gedeihen auf der hügeligen Landschaft vor allem Grillo, Catarratto und Nero d'Avola.
Unten: Reben auf Pantelleria.

Die grösste Insel Italiens ist geprägt von verschiedenen Völkern und Kulturen.

Tancredi ist auch der Name eines der bekannten Weine der Weinkellerei Donnafugata. So erklärt Antonio Rallo von der Weingutsfamilie: «Dieser Blend aus Cabernet Sauvignon, Nero d'Avola und Tannat repräsentiert die Eleganz und das revolutionäre Bestreben von Alain Delon in seiner Rolle als Tancredi in Luchino Viscontis Verfilmung von ‹Il Gattopardo›.» Das Etikett zeigt die Kellerei von Contessa Entellina und wurde, wie alle Etiketten von Donnafugata, vom Künstler Stefano Vitale kreiert, dessen Farben ein Spiegel der aromatischen Vielfalt der Gutsweine sind, ebenso wie der kreativen Kraft, die in ihnen steckt. Sie stammt aus einem Boden, der von der menschlichen Geschichte so richtig getränkt und markiert worden ist–und zwar über die Jahrtausende. Antike Kulturen gehören zu Italien, aber besonders zu Sizilien.

Die Rebberge sehen wie kleine Buschplantagen aus. Würden die Reben höher wachsen, würde ihnen der Wind die Blüten wegblasen.

Grund dafür ist nicht zuletzt die Lage dieser Insel, die in der Antike im Mittelpunkt vieler politischen und gesellschaftlichen Ereignisse stand. Der Wein kommt in zahlreichen Überlieferungen und Erzählungen vor, darunter auch in der Odyssee von Homer. Hier ist beispielsweise nachzulesen, dass Odysseus den Wein als Waffe einsetzte, um sich vom einäugigen

Pantelleria und Sizilien haben eine spezielle Beziehung zueinander.

Zyklopen Polyphem zu befreien, nachdem er an der Küste Siziliens in seine Gefangenschaft geraten war. Als der Zyklop Odysseus' Mannschaft verschlang, bot ihm Homers Held Wein als Verdauungstrunk an. Dieser honigsüsse rote Wein war so stark, dass der ahnungslose Zyklop in einen bleiernen Tiefschlaf fiel. In diesem günstigen Moment raubte ihm der nüchterne Odysseus das einzige Auge. Die Felsbrocken, die der geblendete Riese ihm in seinem Zorn nachschleuderte, ragen heute noch aus dem Meer in der Nähe des Ätna.

Mit den Griechen nahm der Weinbau auf Sizilien eine bedeutende Stellung ein. Nach der Eroberung der Insel liessen sie sich vom 8. bis 3. Jahrhundert vor Christus auf der Vulkaninsel nieder und bauten in grossem Umfang Reben an. Denn wo der Boden zu felsig und zu karg für den Getreideanbau war, fühlten sich Olivenbäume und Reben wohl. Hinzu kam, dass Öl und Wein den Handel belebten, was fundamentale Änderungen im sozialen Umgang und dem Austausch von Gedanken mit sich brachte. Im önologischen Museum in Palermo sind zahlreiche Funde aus dieser Zeit zu sehen, beispielsweise Weingefässe und Münzen der griechischen Kolonie von

Vulkangestein und Kakteen sind Markenzeichen der Insel.

Pantelleria liegt 70 Kilometer von Tunesien entfernt und ist eine Vulkaninsel. Die sandigen Böden sind tief und locker. Überall anzutreffen ist auch der leichte Tuffstein, aus dem die schützenden Mauern gebaut werden.

Naxos, auf denen eine Weintraube dargestellt ist. Damals war Syrakus auf Sizilien grösser als Athen und damit die grösste griechische Stadt überhaupt. Als schliesslich die Römer auf Sizilien sesshaft wurden, konnte das der Weinkultur nur recht sein, denn sie blühte weiter auf. Hinzu kam auch, dass zahlreiche Inselgebiete ihre Weine auf die italienische Halbinsel exportierten. Die Römer begannen, die Landwirtschaft als ein auf Rentabilität ausgerichtetes Geschäft zu betreiben, und schrieben die ersten Lehrbücher. Schon damals existierten verschiedene Philosophien nebeneinander.

Die Geschäftstüchtigen richteten sich nach den Lehren des Cato (… desjenigen, der sich unermüdlich für die Zerstörung Karthagos einsetzte: «ceterum censeo Carthaginem esse delendam»), der auch kaltblütige Berechnungen darüber anstellte, wie lange ein Sklave arbeiten kann, bis er tot umfällt. Andere Literaten wie Vergil und Horaz lehnten dieses rein gewinnorientierte Spekulantentum ab und hatten deshalb wohl weniger einträgliche Weinberge, dafür aber wahrscheinlich den besseren Wein. Sizilien brachte in der Antike den Spitzenwein Mamertinum — heute Mamertino — hervor, der Cäsars Lieblingswein gewesen sein soll.

Neben Reben wachsen auch Zitrusfrüchte auf der Insel, die wir natürlich gleich ausprobieren mussten.

Meer und Inseln sind die DNA der Donnafugata-Weine, zumal sie von zwei verschiedenen Inseln–Sizilien und Pantelleria–stammen. Die eine ist gross und die andere klein. Die eine ist offen und geprägt von zahlreichen Kulturen und die andere eher zurückhaltend. In Pantelleria werden Fremde eher abgewiesen, in Sizilien verliebt man sich in sie und lebt fusioniert glücklich zusammen. «Die Leute von Pantelleria sagen, dass Sizilien das Festland ist, und die Sizilianer sagen, Italien sei das Heimatland», erklärt Antonio. «Es geht um Dimensionen, wo man lebt. Die Leute auf den kleinen Inseln sind speziell und sind verschlossen und auf Sizilien steht man dem Fremden viel offener und weniger skeptisch gegenüber.»

Auf Pantelleria leben weniger als 1000 Personen, die eher misstrauisch als freundlich gesinnt sind. Auch leben sie auf den Hügelspitzen und nicht direkt am Meer. Dass sie dem Fremden nicht so trauen, hat damit zu tun, dass in der Vergangenheit vom Meer immer nur die Invasoren und Piraten angereist kamen. Jetzt kommen zwar keine Piraten mehr, aber das Misstrauen ist geblieben. Interessant ist, dass sich Persönlichkeiten wie Carole Bouquet oder Giorgio Armani auf Pantelleria sehr wohl fühlen und hier Häuser haben und auch Wein produzieren–und das, obschon die Insel kein eigenes Wasser und keine eigene Quelle hat. Dafür viel, viel Wind.

Der starke Wind prägt den Charakter der Menschen und Pflanzen auf der Vulkaninsel.

Das merkt man schon beim Landeanflug, wenn der Scirocco seine Präsenz markiert. Der heisse Wüstenwind bläst so stark, dass die Pflanzen und der Boden vor ihm geschützt werden müssen. Um den Bodenverlust möglichst gering zu halten, sind die Weinbauparzellen daher relativ klein,

Josè und ihr Bruder Antonio Rallo führen heute das Weingut Donnafugata in Sizilien.

in den Hanglagen terrassiert und durch Steinmauern geschützt. Aus dem gleichen Grund werden die Reben auch in Bodenmulden (conca) gepflanzt und niedrig wie ein kleiner Baum ohne Unterstützung erzogen. Lässt man die Pflanze zu hoch wachsen, würde ihr der Wind alle Blüten wegblasen und ohne Blüten keine Früchte. Dieser Art der Rebkultivierung verdankt die Insel die Anerkennung zum UNESCO-Weltkulturerbe. Auch die Orangenbäume sind übrigens von runden, teils uralten Steinmauern umhüllt, damit sie in Ruhe vor dem Wind gedeihen können. Unglaublich die Stimmung in so einer kleinen Orangenburg. Wir setzten uns hinein und fühlten uns wie in einer Oase in der Wüste–Innenraum und Aussenraum hatten nichts gemeinsam, obschon sie das Ergebnis voneinander sind. Die Ruhe und dezente Kühle drinnen, die Unruhe und Hitze aussen. «Wenn du den Wind nicht gerne hast, kann Pantelleria schwierig sein», erklärt Josè Rallo, die Schwester von Antonio.

«Er ist heftig. Auch die Sonne. Die Natur zeigt hier viel Kraft. Auch der Boden, denn es ist vulkanisches Land, das einen natürlichen Magnetismus hat und einen anzieht. Auch die Farben hier sind spektakulär. Wer sich in diese präsente Natur verliebt, kommt immer wieder zurück, denn sie ist auch eine Quelle der Inspiration», ergänzt Josè, die neben Wein eine Passion für die Musik pflegt. Denn erzählt sie nicht vom Wein, dann singt sie über oder zu ihm–und wie. Auch organisiert sie Events, bei denen man zu bestimmter Musik Weine verkostet. Ein Erlebnis, das man nicht vergisst–und den verkosteten Wein schon gar nicht. «Wenn ich singe, spielt es keine Rolle, wo ich bin, das kann überall sein. Die Musik vereint Menschen und verleiht dem Wein eine spezielle Ambiance – ohne dass man die Landessprache sprechen oder verstehen muss», erklärte sie mir weiter.

Die Geschwister Rallo leben Wein Tag für Tag und haben viel für die Güte des sizilianischen Weins unternommen.

Oben: Der Künstler Stefano Vitale hat sämtliche Etiketten der Weine von Donnafugata kreiert und der Kellerei damit ein unverkennbares Image verliehen. Jedes Etikett hat mit der Geschichte der Region oder der Familie Rallo zu tun.

Das Logo von Donnafugata ist ein Portät von Gabriella Rallo.

Die Weine von Donnafugata sind ein Glücksfall für moderne Weingeniesser, die mit allen Sinnen dem Mysterium Wein etwas näherkommen wollen. Angefangen bei den Etiketten, die jede für sich alleine optisch anzieht und eine Geschichte zum Wein als Basis hat, die nicht selten von einem literarischen Werk inspiriert ist, oder von der Tatsache, dass Sizilien sowohl von Nordafrika wie aber auch von Italien geprägt ist. Geschmacklich sind die Weine sehr zugänglich, fröhlich bis charismatisch und passende Begleiter für mediterrane Küchenklassiker. Auch sind es feminine Weine, die eher der Frucht, dem Charme und der Eleganz den Vorrang lassen, was vielleicht auch damit zu tun hat, dass die Mutter von Josè, Gabriella, in den 80er-Jahren die treibende Kraft der Kellerei und eine der ersten Frauen Siziliens war, die Wein produzierte. Sie hatte damals ihren Job als Lehrerin aufgegeben und folgte ihrer Passion zum Wein – zu einem neuen Leben. Ganz im Sinne der «Donnafugata».

Die Felsformation «Arco dell'elefante» auf Pantelleria sieht aus wie der Kopf und Rüssel eines Elefanten.

Eine der wichtigen Sorten der Region ist der Zibibbo – auch als Muscat d'Alexandrie bekannt. Der Name ist sehr wahrscheinlich abgeleitet vom Kap Zibibb in Tunesien, von wo aus die Phönizier diese Sorte nach Süditalien brachten. Zibibbo liebt die Sonne und besonders warme Sommer, daher ist Sizilien eines der bekanntesten Terroirs für die Vinifikation von Zibibbo. Die Weinlese erfolgt relativ spät, sodass die Beeren voller Aroma und Fruchtzucker sind. Es können verschiedene Weine aus dieser Weissweinsorte produziert werden, der bekannteste ist jedoch der Dessertwein, eine Trockenbeerenauslese aus edelfaulen Trauben, die unter dem Namen Moscato Passito di Pantelleria oder Passito di Pantelleria bekannt ist. Ein solcher Passito leuchtet in der Regel bernsteinfarben. Sein Auftakt lässt an geröstete Nüsse, dunkles Karamell und frische Aprikosen denken. Im Gaumen dann viel Rosinen- und Honignoten. Ein aromatisch dichter Süditaliener, der süffig und anregend den Gaumen hinunterfliesst. Noch lange nach dem ersten Schluck hat man das Gefühl, Rosinen im Mund zu haben. Kann perfekt zu Käse, Terrinen oder Gebäck serviert werden.

Fotos Michael Stahl

HALTER RANCH – BEAUTIFICATION IN PASO ROBLES

Die kalifornische Central Coast ist als das andere Weinland des Bundesstaates Kalifornien bekannt, seit der Schauspieler Paul Giamatti vor bald 20 Jahren im Kinohit «Sideways» einen Roadtrip unternahm und auf Pinot Noir schwor. Fast zur selben Zeit begann für den Schweizer Hansjörg Wyss sein Weinabenteuer in diesem Bundesstaat.

Die Halter Ranch ist ein kalifornisches Weingut in Schweizer Besitz. Der Berner Philanthrop Hansjörg Wyss hat sich beim Joggen in die Region, die sich an der Westseite von Paso Robles an der Central Coast befindet, verliebt und 2000 die Kellerei gegründet. Inzwischen sind über 20 Jahre vergangen und die Ranch erstreckt sich über mehr als 2000 Hektaren, wovon knapp 300 mit Reben, 15 mit Walnüssen und zehn mit Oliven bepflanzt sind. Natürlich wird nachhaltig kultiviert und modern produziert.

Die Weinwelt war für Hansjörg Wyss Neuland – und er für die Weinszene. Was er allerdings in 20 Jahren in Paso Robles realisiert hat, ist, wie er es nennt, eine «Beautification» eines Ortes, der immer schon Schweizer angezogen hat und dessen Weinszene langsam erwacht.

Jedes Jahr veröffentlicht die New York Times einen Artikel mit 52 Orten, die man im neuen Jahr besuchen sollte. Für das Jahr 2020 war auf Platz 6 nach Washington, den British Virgin Islands, Rurrenabaque (Bolivien), Grönland und Kimberley (Australien) Paso Robles an der Central Coast. Das Weingebiet liegt am Highway 101 zwischen San Francisco und Los Angeles und ist in vier Stunden Fahrt von jeder der zwei Städte aus erreichbar. Hier befindet sich auch die Halter Ranch von Hansjörg Wyss – ein kleines Paradies, das im Vordergrund ein Weingut ist, sich aber bei genauerem Hinsehen als Kreativwerkstatt des Berner Ingenieurs, der zwar in den USA lebt, aber ein grosser Patriot geblieben ist, entpuppt. Schweizer Präzision und Präservationen des Schönen und Historischen sind das Fundament dieses Ortes, der von der 700 Jahre alten «Ancestor»-Eiche bewacht wird. Ihr Name ist auch der Name des Topweins des Gutes – einem Blend aus Cabernet Sauvignon, Petit Verdot und Malbec.

Paso Robles Wine Country ist der neue Stern am kalifornischen Weinhimmel.

Der erste Weinberg wurde hier 1797 von Franziskanermönchen gepflanzt – inzwischen macht die offizielle Paso Robles AVA (American Viticultural Appellation) rund 16 000 Hektaren aus, auf denen sich mehr als 200 Weingüter befinden. Anders als in anderen bekannten kalifornischen AVAs sind hier besonders die Rhonesorten Syrah, Grenache,

Als ob Laura Ingalls aus «Unsere kleine Farm» gleich um die Ecke kommen würde – Morgenstimmung auf der Halter Ranch.

Mit Hansjörg Wyss und Jan Kollros beim abendlichen Spaziergang durch die Halter Ranch. Das Glas Rosé passte perfekt zur Abendstimmung.

Mourvèdre, Viognier und Roussanne neben den Bordeauxklassikern Cabernet Sauvignon, Petit Verdot und Merlot anzutreffen. Die Appellation liegt zudem im Landesinneren der Küstenberge von Santa Lucia in San Luis Obispo County und bildet ungefähr ein Rechteck von 35 Meilen von Ost nach West und 25 Meilen von Nord nach Süd. Es erstreckt sich von der Grenze zu Monterey County im Norden bis zum Cuesta-Grat unterhalb von Santa Margarita im Süden und von den Santa-Lucia-Bergen im Westen bis zu den Cholame-Hügeln im Osten.

Für einen besonderen ersten Eindruck der Kellerei sorgt eine der zahlreichen Passionen von Wyss, liess er doch einen originalgetreuen Schweizer Zug auf dem Gelände nachbauen – natürlich in verkleinerter Version. Darin können die Besucher gemütlich an Reben, historischen Gebäuden, Eichen und dem Weingutsee

Eine der Passionen von ETH-Bauingenieur Wyss – Schweizer Zugmodelle. Für die Ranch liess er eine verkleinerte Version der Krokodil-Lokomotive nachbauen.

vorbeifahren, während sie an einem Glas Grenache Blanc nippen und der Bauingenieur Wyss die Geschichte dieses Ortes erzählt, der an die Landschaft aus der Familienserie «Unsere kleine Farm» erinnert. Sanfte Hügel, Eichenbäume, vereinzelte Farmhäuser aus dem 19. Jahrhundert, Reben, hin und wieder ein Falke am Himmel und vor allem viel Ruhe. Die Grossstädte sind fern, kommunizieren kann man nur mit Walkie-Talkies, und wenn die Sonne am Horizont untergeht, wird es wirklich dunkel.

Eichenbäume, Graslandschaften, Reben, Olivenhaine und Nussbäume prägen dieses Gebiet in Kalifornien.

Es war auch diese Landschaft, die Wyss verzauberte, als er vor über 20 Jahren Freunde in der Region besuchte und morgens durch die Hügel joggte und sich kaum sattsehen konnte.

Die Halter Ranch ist ein wahres Naturparadies, das auch das eine oder andere ingenieurtechnische Highlight enthält.

«Ich hatte das Glück, dass ich diesen einmaligen Fleck Erde erwerben konnte. So kam ich dann auch zum Wein», erinnert sich Wyss, «mein Ziel war und ist es immer noch, seine Schönheit zu bewahren und sie gar noch mehr zum Vorschein zu bringen.» Oder wie er gerne betont – die Halter Ranch ist «the beautification of the spot». Was ihm auch gelungen ist, fühlte ich mich doch während meines mehrtägigen Besuches wie in einem geschützten Traumland, auf dem zwar moderne Technik vorhanden, die Zeit aber wie stehen geblieben ist.

Auf dem 2000 Hektaren grossen Anwesen entdeckt man zahlreiche Bauten, die von historischer Bedeutung sind und von der Einwanderungsgeschichte Kaliforniens erzählen. Eine Geschichte, die bis in die Schweiz reicht, suchten doch auch zahlreiche Schweizer Ende des 19.

Kevin Sass (Winemaker der Halter Ranch), Hansjörg Wyss und Jan Kollros. Kevin mit Walkie-Talkie, dem wichtigsten Kommunikationsmittel der Ranch.

Jahrhunderts hier ihr Glück – die einen als Goldgräber und andere in der Viehzucht oder Milchverarbeitung. Beim Stöbern in Chroniken der Region tauchen zahlreiche Schweizer Namen auf, sodass auch heute noch die eine oder andere Familie Grossväter oder Urgrossväter hat, die ursprünglich aus der Schweiz stammen.

Wir wohnten in dem im viktorianischen Stil erbauten Haupthaus aus dem Jahre 1885. Glücklicherweise wusste ich nicht, dass dieses Gebäude Schauplatz für den Horrorfilm «Arachnophobia» war. Spinnen sind mir zwar keine begegnet (ausser einer ganz kleinen), dafür Eichhörnchen, Spechte, Wildschweine und ganze Rehfamilien, die morgens ums Haus spazierten. Erst vor wenigen Jahren wurde unweit der Ranch ein weiterer Hollywood-Film gedreht: «Destination Wedding» mit Winona Ryder und Keanu Reeves. Die Story ist einfach, aber Teil der lokalen Kultur – die zwei sind an eine Hochzeit eingeladen. Ein Trend, der hier auf den Weingütern boomt. So auch auf der Halter Ranch. Einige der Bauten sind speziell für die Zeremonie umgebaut worden und so können Paare zwischen dem «Historic Barn Wedding», dem «Silo Barn Wedding» oder gar dem «Ultimate Wedding Weekend» auswählen.

Wichtigste Sorte ist der Cabernet Sauvignon sowie die bekannten Rhonesorten.

Zusammen mit Hansjörg Wyss und Kevin Sass auf dem Vollernter. Bei dieser maschinellen Lese werden die Trauben durch Klopfen und Rütteln geerntet – entsprechend eindrücklich war es, das einmal von oben zu sehen. Links: Die Halter Ranch befindet sich mitten in einer herrlichen Landschaft.

Doch zurück zum Wein. Paso Robles ist wohl nicht so bekannt wie Napa Valley oder Sonoma, aber die Region erfreut sich einer wachsenden Beliebtheit, wird hier Wein doch etwas lockerer und unkomplizierter zelebriert. Von der Stilistik her präsentieren sich die Weine auch etwas frischer und saftiger, mit dem Ziel, «Gaumenpleaser» zu sein, also Weine, die den Gaumen unterhalten, ohne dass man zuvor einen Weinkurs absolvieren muss, um sie zu

Oben: Besucher können die Ranch auch zu Ross besichtigen.
Unten: Regina Maréchal genoss die Ausstrahlung der historischen Ancestor-Eiche, die aus dem 14. Jahrhundert stammt.

Nachbarn der Halter Ranch sind die Besitzer von Château de Beaucastel.

verstehen. Das hat einerseits mit der Lage des Terroirs zu tun, dessen Boden zwar sehr diversifiziert ist, aber viel Muschelkalk aufweist, was die Weine frisch und saftig macht.

Dann auch die kräftigen Temperaturschwankungen von Tag und Nacht – die gut 25 Grad Unterschied aufweisen können. So erlebte ich 5 Grad am Morgen und 29 Grad am Nachmittag. Charakteristisch sind auch die Traubensorten. Cabernet Sauvignon ist wohl die wichtigste Rotweinsorte der Region (wie in ganz Kalifornien), allerdings hat sie hier eine grosse Konkurrenz von den sogenannten Rhonesorten – also Grenache, Mourvèdre, Carignan, Syrah, Viognier oder auch Picpoul. Alles Trauben, die weniger mit den Gerbstoffen markieren, dafür mit temperamentvollen und leidenschaftlich expressiven Fruchtaromen.

Die Halter Ranch hat zudem das Glück, dass ihr önologischer Nachbar kein Geringerer ist als der König von Châteauneuf-du-Pape. Es handelt sich um die Familie Perrin, Besitzerin von Château de Beaucastel. Ihre Tablas Creek Winery ist ein Topweingut der Region und die Mehrheit der Weine werden aus den Rhonesorten vinifiziert – teils reinsortig und teils als Blend. Genau wie in der Halter Ranch, deren Weinsortiment zwei Produktelinien enthält – die «Current Releases» (die normalen Weine) und die «Silver Labels» (für die Wein-Club-Mitglieder). Auch hier setzt Winemaker Kevin Sass sowohl auf Blends wie auf reinsortige Weine. Besonders stolz ist er dabei auf die Cuvée Alice, die nach der Mutter von Wyss benannt wurde. «Ich freue mich ganz besonders über unsere Cuvée Alice. Wir haben 20 verschiedene Grenache-Rebparzellen auf der Ranch, auf denen sieben verschiedene Klone

Mitten im Barriquekeller befindet sich der Tasting Room. Hier verkosteten wir die ganze Palette der Halter-Weine – wie auch den Schaumwein mit dem speziellen Scherenschnitt-Etikett. In der Mitte des Labels die Ancestor-Eiche.

Silvio Denz und Hansjörg Wyss arbeiten an verschiedenen Projekten zusammen. Rechts: Jeden Morgen kochte uns Hansjörg eine Omelette zum Frühstück.

gedeihen. Jeder wird einzeln vinifiziert und für den Blend, der auch noch etwas Syrah, Mourvèdre und Tannat enthält, kommt nur das beste Resultat in die Flasche», erklärt Kevin, der seit 2011 bei der Halter Ranch arbeitet. Ein weiterer Rhone-Blend ist der «CDP» (Côtes de Paso) – ebenfalls eine Assemblage aus Grenache, Mourvèdre, Syrah und Tannat. Im Gaumen herrlich fruchtig und gefällig. Ein richtiger Charmeur, den man immer mitbringen kann und der gut zu Gerichten aller Art passt, da seine Frucht an einen Korb reifer Waldbeeren denken lässt. Oder dann der reine Carignan, dessen Struktur von saftigen Sauerkirschenaromen dominiert wird und der solide und mit Druck den Hals hinunterfliesst. «Ich schätze mich sehr glücklich, einen Nachbarn wie die Tablas Creek Winery zu haben. Von ihnen habe ich gelernt, dass die Rhonesorten hier sehr gut gedeihen. Die Perrins sind doch schon seit 1971 hier, und wenn jemand den Charakter der Rhonesorten im Blut hat, dann ist dies die Familie Perrin.» Tatsächlich sind die Böden und das Klima in Paso und Châteauneuf sehr ähnlich, auch wenn es an der Central Coast im Sommer etwas heisser, aber dafür in der Nacht wegen der Nähe des Pazifiks kühler ist.

Reinsortige Weine und Assemblagen sind im Sortiment zu finden.

Ein ganz spezieller und noch relativ junger Wein ist der einzige Schaumwein des Estate – der Libelle Sparkling Wine aus der weissen Sorte Picpoul, dessen Etikett ein Resultat der Schweizer Scherenschnitt-Tradition ist. Das schwarz-weisse Label wurde von der lokalen Künstlerin Melanie Davies kreiert und zeigt in der Mitte die «Ancestor»-Eiche als Seele dieses Weingutes in Paso Robles. Eine bessere Seele kann man sich kaum wünschen, bedeutet der Name Paso Robles doch nichts anderes als «Pass der Eichen».

Fotos Bryce R. Mullins

ALPENPERLEN – VON HEIDA BIS AMIGNE

Eine meiner ersten Weinreisen führte mich gleich auf einen der damals höchsten Rebberge der Welt. Inzwischen hat sich das Klima etwas verändert, was dazu führt, dass immer mehr Rebparzellen in höheren Lagen gepflanzt werden und der Heida-Rebberg Rieben in Visperterminen nicht mehr der höchste Rebberg Europas ist. Allerdings wird mir nach wie vor beinahe schwindlig, wenn ich diese önologische Einzigartigkeit besuche.

In der Schweiz werden rund 15 000 Hektaren Rebberge kultiviert. Jede dritte Flasche Schweizer Wein kommt heute aus dem Wallis. Mit 5200 Hektaren Rebfläche ist der Südkanton der grösste Weinbaukanton der Schweiz – er ist aber auch in Sachen autochthone Sorten ein Star. Man findet hier über 60 verschiedene Rebsorten, so etwa Heida aus Visperterminen.

Was macht eine Weinbauregion einmalig? Die Antworten darauf sind natürlich zahlreich, aber bei mir waren es spezielle Traubensorten wie Heida oder Amigne, die mir die Türen ins Walliser Weinuniversum geöffnet haben.

Wahrscheinlich sind zahlreiche Weinliebhaber auf dem Weg in die Ferien schon an ihm vorbeigefahren – ohne es zu wissen. Denn der spektakulärste Rebberg der Schweiz befindet sich unweit von Visp und kann einfach vom Zug aus betrachtet werden, wenn man Richtung Zermatt oder Saas-Fee fährt. Steil steigt er zum Himmel empor bis auf eine Höhe von 1150 Meter über Meer. Hunderte von Stützmauern haben die Steilhänge in kleine Rebgärten verwandelt, die oft nicht grösser als zwei Leintücher sind.
Und hier wird Wein kultiviert? Natürlich, denn die Südlage des Hanges in der trockensten Gegend der Schweiz und die grossen Steinflächen der Mauern machen den Rieben bis in den Spätherbst zu einer Wärmekammer, die den Trauben die nötige Reife verleiht. Bei den Trauben ist nicht etwa von der Walliser Hauptweissweinsorte Nummer eins, dem Chasselas, die Rede, sondern vom Heida, einer lokalen Spezialität, die ich vor allem dank Madeleine Gay, der Grande Dame du Vin Suisse, kennengelernt habe. Sie war meine Mentorin in Sachen autochthone Trauben. Mit ihr habe ich eine Weinkollektion aus ebensolchen Trauben lanciert. Inzwischen ist Heida eine der beliebtesten Raritäten aus dem Wallis. Heida zu trinken ist en vogue. Er leuchtet in hellem Goldgelb und duftet einladend nach Papaya, Honig und Ingwer. Im Gaumen zeigt er eine rassige Traminernote sowie Aromen, die an Rosen, Aprikosen und etwas Minze denken lassen.

In Visperterminen kann man erleben, was alpine Weinkultur wirklich ist.

Blick vom obersten Punkt des Rieben Richtung Zermatt. Hier oben gedeihen prächtige Heida-Reben.

Steile Rebberge, die mit Heida bepflanzt sind. Unsere alpine Weinkultur ist weltbekannt.

Filigran und doch kraftvoll mit einer knackigen Säure. Herrlich und einmalig ist sein Genuss. Das war allerdings nicht immer so, erinnert sich Madeleine Gay: «Es ist noch nicht lange her, dass die Walliser über den Heida spotteten. Ich habe meinen ersten Heida 1983 vinifiziert und die Kommentare dazu waren nicht zimperlich: zu sauer, zu hart, ungeniessbar, wurde mir gesagt. Der Wein sei zu jung und man solle ihn doch in Visperterminen bei den Oberwallisern lassen. Der Heida sei überhaupt ein Wein für die Oberwalliser. Anfang 2000 begann sich sein Image zu ändern. Wir haben diese Sorte im Zentralwallis angepflanzt und kontrollierten die Ernte streng, um Trauben mit einer optimalen Reife zu ernten. Auch bei der Vinifikation wurde alles verbessert, damit ein Top-Heida produziert werden konnte. Wichtig ist, dass er verführerisch ist und aromatisch fruchtig, würzig mit frischen Noten und Eigenschaften, die ihn zu einem Schlemmerwein machen. Wenn ich alle Aromen des Heida vor mir sehe, muss ich unwillkürlich an die Aufmerksamkeit denken, die ein Pfauenschwanz gewinnt. Kurz: Alles wird unternommen, um zu gefallen … und eine weitere Flasche zu entkorken.»

Madeleine Gay hat ihren ersten Heida 1983 vinifiziert, als die Sorte bei uns noch nicht populär war.

Der Rieben, wie er auf dem bekannten Heida der St. Jodern Kellerei abgebildet ist. Im Tal unten befindet sich die Stadt Visp.

Traubensorten kann man generell in zwei grosse Lager unterteilen – es gibt internationale Sorten, die weltweit anzutreffen sind und je nach Terroir natürlich anders schmecken. Zu ihnen gehören etwa Chardonnay, Sauvignon Blanc, Merlot oder Cabernet Sauvignon (um nur einige zu nennen). Dann stehen dem Winzer auch lokale, autochthone Sorten zur Verfügung. Also solche, die teils nur an einem bestimmten Ort vorkommen. Das kann klimatische und kulturhistorische Gründe haben. Ihr Vorteil ist, dass sie natürlich rarer und spezieller sind und dass sie geschmacklich unvergleichbar sind. Heida ist die internationalste Sorte unter den Walliser Traubenraritäten, denn weltweit findet man rund 1500 Hektaren, die mit Heida bepflanzt sind (vor allem in Frankreich und Österreich). Die Traube heisst dort allerdings nicht Heida, sondern Savagnin Blanc.

Natürlich hilft der Name mit, denn beim Begriff «Heida» und Schweiz denkt man unwillkürlich an das Wort Heidi (der Kinderfigur in Johanna Spyris erfolgreichen Kinderbüchern) oder an die Heide. Alles falsch. Im alten Oberwalliser Dialekt stand der Begriff für alt, urtümlich, vorchristlich und «in heidnischer Zeit». Heida nimmt also wahrscheinlich auch Bezug auf die Zeit vor der Evangelisierung des Wallis, also die Zeit der Heiden. Man findet ihn auch in der Bezeichnung Heidenhäuser («alte Häuser») oder im Namen Heido für die älteste Suone – so heissen die alten Walliser Bewässerungskanäle – von Visperterminen. Seit 1812 (sozusagen postnapoleonisch) nennen die französischsprachigen Walliser den Heida auch «Païen».

Zwei Generationen, zwei Önologen von Provins: Madeleine Gay und ihr Zögling Damien Carruzzo auf dem höchsten Rebberg der Schweiz in Visperterminen.

Spannend am Heida ist seine spezielle Aromatik. Sie ist blumig, manchmal exotisch-fruchtig und mit einer markanten Säure. Aus Heida werden inzwischen sowohl trockene wie auch leichtere Süss- oder Likörweine produziert, die in der Regel einen eher höheren Alkoholgehalt von rund 14 % haben. Dies veranlasste wohl Dr. F. G. Stebler, Privatdozent an der ETH Zürich, 1901 Folgendes zu verfassen: «Der Heiden (geläufiger Heida), wie der Wein schlechtweg genannt wird, soll auch gut sein gegen unbequeme Einwohner im menschlichen Leibe. Morgens nüchtern mit Honig genossen, soll er dem Fremdling so zusetzen, dass dieser für gut finde, auszuwandern. Der Heida ist ein gefährlicher Beinbrecher, der die Zunge löst und den Menschen in die glückseligste Stimmung zu versetzen vermag. Es wird von diesem Wein erzählt, dass man beim Genusse einer hinreichenden Menge unendlich gescheit reden könne, man fühle sich ungemein glücklich und reich, und besitze die Kraft eines Riesen. Man gehe hin und prüfe ihn selbst! Die Einheimischen scheinen ihn besser zu ertragen als die Fremden.» Mit den Einheimischen sind natürlich die Oberwalliser gemeint.

Das Wallis ist ein Paradies für autochthone Sorten wie Heida, Petite Arvine, Amigne oder Cornalin.

Doch zurück zum Rebberg Rieben. Karg ist es auf den 1150 Metern über Meer, wo sich die St. Jodern Kellerei um die Heida-Rebstöcke kümmert, die auf den leichten, kalkhaltigen Ton- und Sandböden des Moränenhanges wachsen. Jeder Stock hat einen atemberaubenden Blick in die Ferne Richtung Zermatt und schneebedeckte Bergspitzen. Dies brachte dem Heida auch den

Übernamen «Gletscherwein» ein, was allerdings nicht alle glücklich gemacht hat, vor allem nicht die Produzenten des echten Gletscherweins. Der kommt aus einer ganz anderen Gemeinde, die sich in einem anderen Seitental des Oberwallis befindet. Es handelt sich um Grimentz im Val d'Anniviers. Hier schlummert Gletscherwein in alten Lärchenfässern, ein nach dem Solera-System produzierter Wein aus der Sorte Resi, dessen Grundwein auf das Jahr 1865 zurückgeht. Der sherryartige Wein mit kräftiger Säure und würzigem Unterton wird nur in kleinen Portionen zu speziellen Anlässen ausgeschenkt. Auch geniesst man diesen oxidativen Wein besser eiskalt. Heute befinden sich meist noch etwas Humagne Blanche und Ermitage in den Gletscherweinfässern.

Das Gemeindegebiet von Visperterminen umfasst 5155 Hektaren und gliedert sich in den eigentlichen Tärbinerbärg, den rechten Hang am Eingang des Vispertales, und das Nanztal. Rund ein Zehntel gilt als landwirtschaftliches Kulturland, wobei Visperterminen mit seiner auffallenden Hanglage die für inneralpine Gebiete typischen extremen Höhenunterschiede aufweist. Die Bewohner des Tärbinerberges waren früher ein nomadisierendes Bauernvolk. Daher wirkt Visperterminen wie eine lang gezogene und zerpflückte Gemeinde, die aus verschiedenen Häusergruppen auf unterschiedlichen Hanglagen zusammengesetzt ist. Man braucht sich nicht lange in Visperterminen aufzuhalten, um festzustellen, dass die Kirche und der Glaube hier eine dominante Rolle spielen. Immer wieder hört man amüsante Geschichten über den Pfarrer und seinen Einfluss auf das Dorfleben, die an die Erzählungen von «Don

Madeleine Gay ist eine der wenigen Personen, die von der Heidazunft einen Ehrenrebstock erhalten haben. Er befindet sich auf über 1100 Meter über Meer.

HEIDA VISPERTERMINEN

HEIDA VISPERTERMINEN

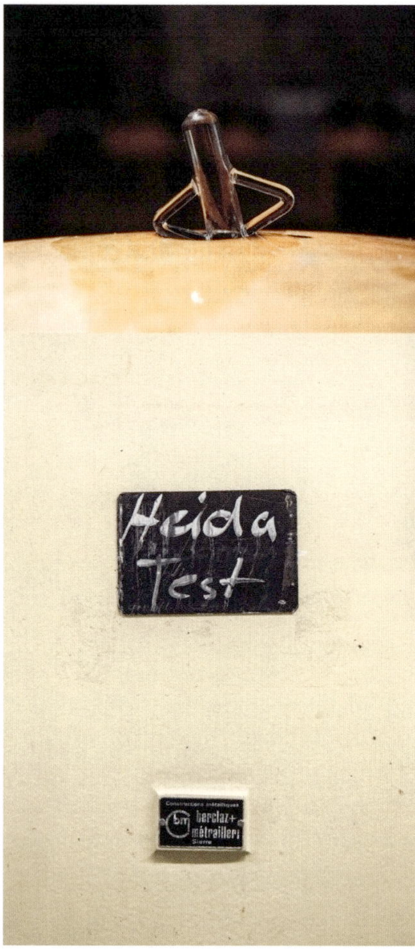

Camillo» erinnern, jenem italienische Priester, der als Bestrafung für eine Saison in ein alpines Dorf geschickt wurde. Zudem zeugen die unzähligen Kapellen davon, woher die frommen Visperterminer (95 Prozent der Bevölkerung ist römisch-katholisch) ihre Kraft holen, die Strapazen dieses Berges auf sich zu nehmen. Auch der Name der St. Jodern Kellerei hängt mit einem mutigen Bischof zusammen, der nicht nur den Teufel überlistete, sondern auch den Papst in Rom rettete.

Auf dem Rieben trägt ein Rebstock Madeleine Gays Namen – sie ist eine der fünf Ehrenbotschafterinnen dieses önologischen Kulturgutes, das Weinkenner weltweit auf uns aufmerksam gemacht hat. Besitzer der Reben ist die Heidazunft, die die Beeren jedoch der St. Jodern Kellerei abliefert.
Die Gründung der Genossenschaftskellerei geht auf das Jahr 1979 zurück, also auf eine Zeit, als autochthone Sorten im Wallis nicht populär waren und vor allem Fendant, Pinot Noir und Dôle entkorkt wurden. Damals war auch Chosy Chanton, den man gerne «Indiana Jones der verlorenen Traubensorten» nennt, noch nicht so bekannt. Er begann, um 1965 in Visp alte Traubensorten zu retten. Inzwischen ist sein Sohn Mario am Werk.
Im Portfolio von Chanton findet man unter anderem Heida, Himbertscha, Lafnetscha, Resi oder Gwäss. Hinter jeder dieser Sorten verbergen sich alte Sagen und Geschichten, die jede für sich alleine Einblicke in unsere Vergangenheit geben, und genau das ist es, was mich an solchen Traubensorten so fasziniert. Natürlich spielt auch ihr Geschmack eine Rolle, aber ihre Entstehungs- und Entwicklungsgeschichte ist manchmal sogar noch spannender.

Im Keller der St. Jodern Kellerei stehen spezielle Amphoren. In ihnen reift der Heida Veritas. Bei unserem Besuch wurden wir vom Kellermeister Michael Hock begleitet. Stolz präsentierte er uns die schöne Weinpalette der Genossenschaftskellerei.

Die Amigne-Traube ist noch rarer als die Heida-Traube.

Nur wenige bevorzugte Mikroterroirs in Europa vereinen die nötigen klimatischen Bedingungen, die es braucht, um süsse und edelsüsse Weine zu produzieren. Das Wallis ist eines davon. Im Spätherbst bildet sich der Schimmelpilz Botrytis cinerea auf den Beeren und verursacht eine Edelfäule. Während der Zucker konzentriert wird, verzehrt der Pilz einen Grossteil der Säuren der Traube, was zur Folge hat, dass aus diesen edelfaulen Trauben grossartige Süssweine mit üppigem Körper und einer aussergewöhnlichen Komplexität vinifiziert werden können. Die aus Heida oder Amigne produzierten Süssweine gehören zu den besten überhaupt.

Fotos Jacopo Salvi

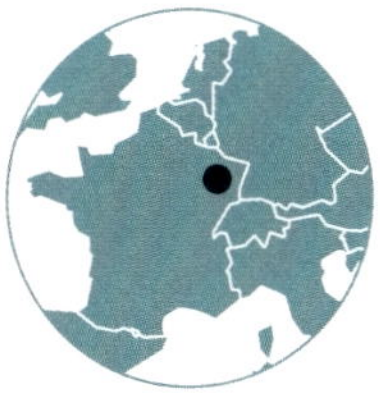

JC BOISSET – MULTIDIMENSIONALES BURGUND

In Nuits-Saint-Georges beginnt eine ganz spezielle Weinwelt. Die der Familie Boisset. Auch wenn sie erst seit zwei Generationen im Weinbau und Weinhandel tätig ist, so zählt sie doch zu den wichtigsten Weinfamilien der Welt, deren Wurzeln inzwischen auch in Kalifornien verankert sind.

Die Geschichte von Jean-Claude Boisset begann 1961, als sich Claudine und Jean-Claude Boisset in Gevrey-Chambertin trafen und den Grundstein für ein internationales Weinimperium legten, das trotz seiner Grösse ökologische, biologisch-dynamische und auch spirituelle Grundsätze implementiert. Inzwischen sind die Geschwister Nathalie und Jean-Charles Boisset (JCB) am Ruder sowie der burgundische Winzer Grégory Patriat, der eine fantastische Palette an Burgunderweinen (Chardonnay und Pinot Noir) vinifiziert. Sitz des komplett renovierten Weingutes ist Les Ursulines in Nuits-Saint-Georges, wo sich die Geschichte, Erfahrung und das Fachwissen der Familie konzentrieren.

Nuits-Saint-Georges ist eine der bekanntesten Gemeinden der Côte de Nuits. Spannend am Weinbau hier ist auch, dass das Burgund bis Mitte des 19. Jahrhunderts das einzige nicht an einem schiffbaren Gewässer liegende Weinbaugebiet war, dessen Weine weit über seine Grenzen hinaus geschätzt wurden.

Es braucht einen Moment, um zu verstehen, wie intensiv, international und multidimensional die Familie Boisset Wein lebt. Begonnen hat alles in Nuits-Saint-Georges und hier ist nach wie vor der Sitz der Familie – Les Ursulines. Nach dem Besuch der Kellerei ist die Wahrscheinlichkeit gross, dass man mehr über den Goldenen Schnitt, das sakrale Wissen der Mönche und den Einfluss des Kosmos auf alles irdische Leben wissen möchte, zumal Zeugen dieses Wissens im ganzen Weingut präsent sind.

> Geschichte und Moderne sind in Les Ursulines vereint.

Ein Element der Weinwelt, das mich seit Jahrzehnten fasziniert, sind seine Exponenten. Menschen, die mit Wein zu tun haben, sind in der Regel sehr interessant – einige unter ihnen sogar besonders unvergesslich, so wie Jean-Charles Boisset (JCB). Geboren ist er, wie seine Schwester Nathalie, im Burgund. Er ist der Sohn von Jean-Claude Boisset, dem das Weinimperium «Boisset – La Famille des Grands Vins» gehört. JCB, wie er gerne genannt wird, ist ein charismatischer Botschafter der Weinwelt. Er ist aber auch ein Künstler, dessen Passion keine Grenzen zu kennen scheint. Was er umsetzt, ist kaum zu toppen, wenn es um Opulenz, optische Präsenz, Intensität, Extravaganz, aber auch um die Wiederbelebung historischen Wissens und von Traditionen geht. Erleben kann man das direkt in seinem Familienweingut im Burgund – genauer gesagt in Nuits-Saint-Georges.

Als wir es besuchten, wurden wir von seiner Schwester Nathalie, ihrem Mann sowie dem Kellermeister und Viniculteur Grégory Patriat begrüsst und in eine Welt eingeführt, die ich zuvor in Zusammenhang mit Wein noch nicht gekannt hatte – die der unsichtbaren Architektur. Sie bezieht sich auf das Werk «L'archtitecture invisible» von Georges Prat.

Jedes Detail hat eine Bedeutung und entführt in die Welt der Geobiologie.

Darin erfährt man, dass zahlreiche der wichtigsten Denkmäler der Menschheit, also Pyramiden, Tempel, Kirchen, Moscheen oder Synagogen, nicht an einem zufälligen Standort stehen und in einer willkürlichen Position ausgerichtet sind, sondern die «Goldene Zahl» als Basis haben. Man kennt diese Zahl Phi (1,61803398875) auch im Zusammenhang mit dem «Goldenen Schnitt», den niemand anderes besser veranschaulicht hat als Leonardo da Vinci mit seiner Abbildung «*Der vitruvianische Mensch*». Der Mensch berührt darin mit seinen Fingerspitzen das ihn umgebende Quadrat, die Sohlen berühren den umlaufenden Kreis. Die Figur ist allerdings nicht nur anhand des Quadrats und des Kreises am goldenen Mass ausgerichtet – auch die Proportionen der einzelnen Körperteile entsprechen dem Goldenen Schnitt. Teilt man ein Quadrat nach dem Goldenen Schnitt, also der Zahl Phi, dann entsteht eine Reihe von verschachtelten Rechtecken. Verbindet man die Eckpunkte dieser Quadrate in einer gebogenen Linie, entsteht durch die Punkte dieser Drehungen eine logarithmische Spirale – die Goldene Spirale. «Doch damit nicht genug: Das Kalkgehäuse der *Nautilus-Muschel* weist eine solche Spirale auf, die auch bei wachsender Grösse ihre Biegungsform nicht verändert. Die symmetrische Spirale durch verbundene Punkte taucht in der Natur überall auf: in Hurrikans, im Blatt eines Farns oder in ganzen Galaxien. Sogar die Spiralen in der Blattstellung von Palmen entsprechen dem Kompositionsprinzip. Mit diesem Wissen als Basis haben wir unsere Kellerei renoviert», erklärte mir JCB, als ich ihn vor ein paar Jahren in Kalifornien traf. Hier lebt er zusammen mit seiner Frau Gina Gallo und seinen zwei Töchtern und hier befindet sich ein Teil der Boisset Collection, die alles andere als statisch ist. Es kommen laufend neue Weine dazu, Bücher, die JCB verfasst, spezielle Kristallgläser und Karaffen, die er zusammen mit Baccarat entwirft, damit man seine Weine noch extravaganter verkosten kann.

Grégory Patriat ist der höchst talentierte Weinmacher des Betriebs. Zuvor arbeitete er bei der Grande Dame des Burgunds – Lalou Bize-Leroy.
Oben: Beim Besuch von Les Ursulines kommt man an diesem Brunnen mit einem Quarz vorbei. Der Stein aus Brasilien befindet sich in der Mitte des Wasserwirbels. Er gleicht die Energie des Ortes mit seiner Kraft nicht nur aus, sondern erhöht sie auch.

Vorherige Seite:
Oben rechts: Jean-François Curie ist der CEO von Boisset – La Famille des Grands Vins. Er war bei unserem Besuch mit dabei.
Unten rechts: Das Geschwisterpaar Jean-Charles und Nathalie Boisset stammt aus dem Burgund. Ihr Vater Jean-Claude Boisset hat den Grundstein für das Weinimperium JC Boisset gelegt.

Les Ursulines ist der Sitz der Familie und auch der Kellerei. Bei der Renovation wurde alles durchdacht und nichts dem Zufall überlassen. Zentral ist, dass sich die Trauben von der Schwerkraft allein angetrieben durch alle Phasen der Weinherstellung bewegen. Auch wenn das Weingut technisch und funktional modern ausgerüstet ist, wurde es doch originalgetreu dem ehemaligen Kloster nachgebaut. Das ganze Weingut wurde auch so gebaut, dass es optisch mit der Weinbaulandschaft von Nuits-Saint-Georges verschmilzt. Architekt war Frédéric Didier, der auch in Versailles gearbeitet hat. Sein Ziel war es, ein Gebäude zu schaffen, das sowohl zeitgemäss, wie aber auch traditionell ist. Eine Kulturstätte zu kreieren für Reben und Wein – das eine terrestrisch und das andere himmlisch.

Die Architektur dieser Kellerei ist einmalig und ich wollte gar nicht mehr aufhören, den Erklärungen von Nathalie Boisset zu lauschen. Zentral im Gärkeller ist das Weinblatt von Gilles Rousvoal, das einen holistischen Charakter in sich hat.

In Les Ursulines werden Jahr für Jahr rund 40 verschiedene Appellationen (Climats) vinifiziert, deren Trauben von über 40 Traubenlieferanten von rund 40 Hektaren Rebland stammen. Die eigenen Reben werden in der Domaine de la Vougerais verarbeitet und sie zählen zu den Topweinen des Portfolios. Die Qualität der Boisset-Weine bereitet generell grosse Freude, ist doch kein Geringerer als Grégory Patriat für ihre Güte zuständig. Der talentierte Winzer war zuvor mehrere Jahre bei der Burgunder-Königin Lalou Bize-Leroy engagiert. Verkostet man die Weinpalette, ist zu erkennen, dass grosse Finesse, Präzision, aber auch ein schöner Druck zentral sind. Auch wenn eine generelle Aussage immer etwas schwierig ist und dem ganzen Bild nicht gerecht wird, ist mir dennoch aufgefallen, dass die Weine in ihrer manchmal etwas zurückhaltenden Art sehr viel Charakter offenbaren. Es sind herrliche Terroirweine, deren leise Töne und Nuancen grosse aromatische Unterschiede hervorbringen.

Pinot Noir und Chardonnay sind die zwei wichtigsten Sorten.

Doch zurück zum Weingut, das übrigens auch besucht werden kann. Ich kann dies nur wärmstens empfehlen, da der Besuch wie ein Parcours aufgebaut ist und man an diversen Stationen erleben kann, welchen Einfluss die Geobiologie auf das Weinmachen hat. «Wir haben unser Weingut nach geobiologischen Grundsätzen gebaut und versucht, negative Wellen so weit wie möglich zu begrenzen», erklärt Nathalie Boisset. «Im Weinkeller hat es keine Winkel, damit die Energie gut zirkulieren kann. Auch kein WiFi, um negative Wellen zu vermeiden. Wir haben keine giftigen Farben oder synthetischen Fussböden verwendet, sondern nur natürliche Materialien. Das Weingut wurde auch als Treffpunkt für zwei Energien konzipiert, das Licht der Sonne und des Mondes als kosmische Energie sowie die tellurische Energie, die von der Erde kommt.»

Oben rechts: In der Mitte des Hauses der Mutter Oberin befindet sich ein eiförmiger Tisch mit einem Brunnen, der zwei Stockwerke über 5,5 m Tiefe durchquert. Orientiert entlang der Nord-Süd-Achse, entlang der Weinblatt- und Wirbelachse – ganz nach den Grundsätzen der Geobiologie.

Je länger ich ihr zuhörte und je mehr ich mich anschliessend in dieses Thema eingelesen habe, umso faszinierter bin ich davon. Über das Burgund wird ja gerne gesagt, dass seine Weine eine holistische Einmaligkeit besitzen und dass der Genuss einiger grosser Weine eine spirituelle Wirkung haben kann. Das Terroir ist von Mönchen geerbt worden, die den önologischen Heiligen Gral entdeckt und die die Seele des Terroirs verstanden haben. Wer je einen dieser grossen Burgunder geniessen konnte, weiss, was ich meine, wenn ich sage: «Manchmal ist der Wein grösser als man selber.»

Über 40 Appellationen werden in der Cuverie des Ursulines vinifiziert. Teils in mikroskopischen Mengen.

Das Burgund ist daher ein idealer Ort, um spirituelle Inspiration zu suchen, und eine Weinkultur, die alles andere als langweilig ist. Im Gegenteil. Alles ist hier sehr kompliziert und hat eine Geschichte, die über 2000 Jahre alt ist. Das Burgund ist aber auch ein Terroir, das Weinliebhaber zum Träumen und manchmal zum Verzweifeln bringt. Daher sind Projekte wie das der Familie Boisset auch so wichtig. Denn auch wenn Wein das zentrale und alles verbindende Element ist, so dreht sich doch nicht alles nur um den Wein allein, sondern den ganzen Kosmos um ihn herum. Und der ist bekanntlich sehr gross und vielfältig und vor allem eins – ohne Grenzen.

www.boissetcollection.com

Vorherige Seite: Die Domaine de la Vougeraie ist ein Bijou der Boisset Collection. Hier wird biodynamisch gearbeitet. Sie wird seit ihrer Gründung von Sylvie Poillot geleitet. Ich wurde zudem von Flavio Scannavino und Christophe Blanck begleitet.

Fotos Jacopo Salvi

SANTENAY
SANTENAY
SANTENAY
SANTENAY

BOURGOGNE ALIGOTÉ

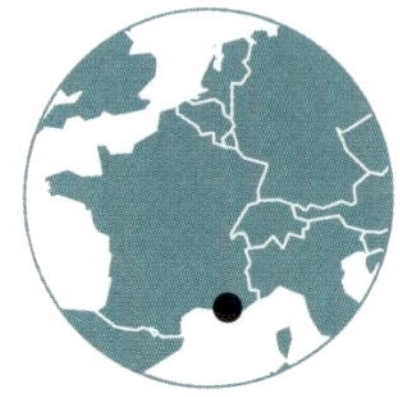

RENAISSANCE IN PINK

Als ich in jungen Jahren mein Weininteresse entdeckte, bestand meine Roséwelt aus den Weinen der Domaines Ott, Mateus Rosé und Œil de Perdrix. Man genoss diese Weine zu chinesischem Essen und galt dabei als Weinbanause. Inzwischen hat eine unglaubliche Evolution stattgefunden, und wer heute einen Rosé entkorkt, fühlt sich Brad Pitt etwas näher.

Roséwein boomt. Er war die erfolgreichste Weinkategorie der letzten zwei Jahrzehnte mit einem Anstieg des weltweiten Verbrauchs um 40 Prozent zwischen 2002 und 2019. Prognosen zufolge wird Rosé in Zukunft 25 Prozent des weltweiten Weinverbrauchs ausmachen. Hotspot dieses Getränks des 21. Jahrhunderts ist die Provence im Süden Frankreichs, wo wir Château Minuty, Domaines Ott und Château La Gordonne besucht haben.

Pink ist der Drink, und zwar nicht nur im Sommer, wie das bis vor wenigen Jahren galt. Denn auch wenn sich im Moment alles etwas verändert und die Welt dabei ist, eine neue Ordnung zu finden, begann bereits in den letzten Jahren eine unglaubliche Evolution der Roséwelt. Sie fand parallel zum Instagram-Hype statt, was sicher auch zum Erfolg dieser optisch ansprechenden Weine beigetragen hat. Denn Rosa lässt nicht nur die Dinge schöner aussehen, die Farbe Rosa ist enger mit Emotionen verbunden als jede andere Farbe. Und spätestens als Hollywoods Glamour-Paar Angelina Jolie und Brad Pitt seinen Rosé Miraval lancierte, lösten sie eine Rosé-Renaissance aus wie die Medicis anno dazumal für die schönen Künste.

Sie waren wohl die ersten. Inzwischen hat das Who's who der Film- und Musikindustrie auch einen oder mehrere Rosés unter seinem Namen anzubieten. Von Jon Bon Jovi (Hampton Water), John Malkovich (Les Quelles de la Coste), Kylie Minogue (Kylie) über Sting (Beppe Rosato), Sarah Jessica Parker (Invivo), Post Malone bis zu John Legend (LVE), Drew Barrymore (Carmel Road Rosé) und Cameron Diaz (Avaline).

> Pink ist der Drink – und zwar nicht nur im Sommer, wie das bis vor wenigen Jahren galt.

Ihre Weine sind die kulinarischen Accessoires für die Millennial-Pink-Generation. Hauptsache, der Absender ist bekannt und der Wein unkompliziert. Entsprechend feiern wir heute mit Rosé, trinken ihn on the rocks, überlegen uns weniger, woher er kommt und welchen Jahrgang wir gerade entdecken, als vielmehr, welches Lifestyle-Symbol er portiert.

Château La Gordonne ist eines der neuen Starweingüter der Provence.

JESUS MARIA JOSEPH
LA CHAPELLE

Interessant daran ist, dass zahlreiche dieser neuen Weine aus der historischen Hochburg des Rosé stammen, und zwar aus der Provence, die gerade dabei ist, als Weinnation wiederentdeckt zu werden. Historisch hat sich die Rebe hier immer sehr wohl gefühlt, wurden doch die ersten Reben bereits im sechsten Jahrhundert vor Christus von den Phöniziern aus Syrien sowie vom griechischen Stamm der Phokäer eingeführt. Ab 154 vor Christus etablierten die Römer die Provincia Romana, in welcher alte Legionäre Landgüter erhielten, auf denen sie sich schliesslich auch dem Weinbau widmeten. Das Mittelalter wurde, wie im Rest Frankreichs, von Klöstern und Mönchen geprägt, die sich glücklicherweise mit dem Weinbau beschäftigten und das Fundament für den heutigen Weinbau legten. Im 18. Jahrhundert begann dann die Ära der ersten Feriengäste. Aristokraten aus den nördlicheren Ländern liessen sich von der Beauté der Provence verführen. Ein Trend, der sich im 19. Jahrhundert noch weiter verstärkte. Verständlich, denn es ist zweifelsohne eine Gegend, die zum Träumen und Geniessen anregt. Die Provence ist nicht nur ein beliebtes Ferienland oder Künstlerparadies geblieben, sie ist auch das Terroir von Lavendel, Olivenöl und eben Wein. Vor allem Roséwein, zumal er gut 90 % der ganzen Produktion der etwas über 27 000 Hektaren Rebfläche ausmacht. Entsprechend gross ist die Wahrscheinlichkeit, dass man in Restaurants der Region Wein serviert bekommt, der in verführerischem Pink aus dem Glas leuchtet und perfekt zur mediterranen Küche passt.

Während wir die Weine von Château La Gordonne verkosteten, fotografierte Jacopo die Natur und realisierte dieses wunderschöne Bild, das den Zauber des Ortes nicht schöner porträtieren könnte.

Wichtig zu betonen ist, dass es bis vor wenigen Jahren keinen wirklich teuren Rosé gab. Wir sind es uns gewöhnt, für einen Rosé plus/minus 15 Franken zu zahlen.

Im Moment herrscht hier im Süden Frankreichs gerade etwas Goldgräberstimmung, zumal sich mehr und mehr bekannte Weinhäuser niederlassen. Sie kaufen Land und existierende Kellereien auf, investieren nicht zu knapp und tüfteln auch an neuen Vinifikationsmethoden (Amphoren, Betoneier, Holzfässer) – zumindest für Roséwein. Ziel ist es, den Rosé auf die Weinkarten der Top-Restaurants zu bringen und ihm auch das Attribut «Spitzenwein» anzuverleihen. Wichtig zu betonen ist, dass es bis vor wenigen Jahren keinen wirklich teuren Rosé gab. Wir sind es uns gewöhnt, für einen Rosé plus/minus 15 Franken zu zahlen. Zu den teuren Ausnahmen gehörte eine Handvoll Weine wie etwa Valentinis Rosé Cerasuolo d'Abruzzo oder der Château de Selle der Domaines Ott (und natürlich der Rosé-Champagner, aber das ist ein anderes Thema). Das ändert sich jetzt und die ersten Luxus-Abfüllungen für 80 Franken und mehr sind erhältlich.

Einer der Vorreiter dieser Evolution ist der Bordelaiser Winzer Sacha Lichine, dessen Weingut Château d'Esclans in der Provence den bekannten Party-Rosé Whispering Angel produziert. Er zeigt der Welt gerade, dass Rosé auch teuer und supergut sein kann. Das Resultat ist Garrus, ein mächtiger, in der Barrique ausgebauter Rosé, der rauchig und fast schon strukturiert den Hals hinunterfliesst und in Hollywood zum Kult geworden ist. Die Roséwein-Palette von Château d'Esclans (Rock Angel, Whispering Angel, Les Clans und Garrus) ist inzwischen so erfolgreich, dass kein Geringerer als der Luxusmulti LVMH 55 % des Weingutes übernommen hat.

Château Minuty
281

Auch Château Minuty hat erst kürzlich eine Spitzencuvée lanciert – die Cuvée 281 (281 ist die Nummer der blauen Pantone-Farbe, die die Flasche schmückt).

Mit François Matton, Mitinhaber und Geschäftsführer des Château Minuty, haben wir nicht nur die Rosés des Hauses entdeckt, sondern auch, wie gut sie zur mediterranen Küche passen.

Der Luxuskonzern hat in der Provence auch Château du Galoupet erworben mit dem Ziel, mehr Rosé im Portfolio anzubieten.
Seit Jahren ein sicherer Wert in Sachen Rosé ist das Château Minuty – ein historisch bekanntes Haus der Provence.
Die Weinpalette ist weltweit erhältlich und die Weine ein Garant für unkomplizierten Weingenuss, der in Gedanken in den Süden Frankreichs entführt und vielleicht auch an den einen oder anderen Film von Louis de Funès denken lässt. Gabriel Farnet erwarb 1936 das Château, das ursprünglich unter Napoleon III. erbaut wurde. Minuty ist nach wie vor im Familienbesitz und die Weinberge befinden sich unweit von Gassin und Ramatuelle mit Blick auf den Golf von Saint-Tropez.
Allein um die Kellerei herum befinden sich 60 Hektaren Reben. 80 weitere Hektaren befinden sich in Vidauban und 20 in Valderain. Die Reben profitieren von sehr tiefen Böden, die überwiegend für Grenache verwendet werden.
Die Aromapalette dieser Traube ist breit und beinhaltet Erd- und Brombeeraromen sowie trockene Leder- und Pfefferaromen mit einem Schuss Honig. Junger Wein schmeckt primär beerig mit einer dezent trockenen Staubnote. Grenache-Weine erkennt man auch an ihrer würzigen, lebhaften Aromatik sowie an ihren Kirschen- und Ingweraromen.

Auch Château Minuty hat erst kürzlich eine Spitzencuvée lanciert – die Cuvée 281 (281 ist die Nummer der blauen Pantone-Farbe, die die Flasche schmückt). Der neue Topwein sieht nicht nur optisch unvergesslich modisch

2693

Am Strand vor Chez Camille schmeckt der Apéro noch besser.

aus, er schmeckt auch herrlich, zumal er präzise, trocken und delikat den Hals hinunterfliesst. Noten von weissen Blüten, Walderdbeeren und etwas Mandarinenschale sind zu erkennen. Kein Wein der lauten Töne, aber einer, der den Durst perfekt löscht und wunderbar erfrischt. Seine Struktur ist kräftig genug, dass man dazu auch mediterrane Gerichte servieren kann. Vinifiziert wurde die Cuvée 281 aus Trauben von bis zu 30 Jahre alten Grenache-Rebstöcken. So erklärte mir François Matton, Mitinhaber und Geschäftsführer des Château: «Ich wollte eine Luxusflasche für diesen Wein, also wandte ich mich an den Parfümflaschendesigner Hubert de Malherbes, der die bekannte Dior-J'adore-Parfümflasche entwickelt hat. Ich denke, es gibt viele Ähnlichkeiten zwischen Parfüm und Rosé. Das auf der Flasche verwendete Blau ist inspiriert von dem tiefblauen Farbton des Himmels, wenn der Mistral bläst. Ich wollte, dass die Flasche aus der Ferne auffällt. Rosé wird normalerweise aus einem Eiskübel getrunken, daher war es wichtig sicherzustellen, dass der Flaschenhals eine visuelle Wirkung hat.» Und die hat er zweifelsohne.

Auf dem Weingut wurden wir von Stephanie Mongeot begrüsst. Sie arbeitet seit Jahren bei Minuty und erklärte uns, dass in Frankreich mehr und mehr Rosé getrunken wird. «Der Wein ist Lifestyle geworden. Ich stamme aus dem Burgund und dort liebt man den Rosé frisch, aromatisch und bekömmlich.»

St TROPEZ

Er schmeckte prima und ich musste daran denken, wie oft wir unseren Weingenuss gewissen Vorurteilen anpassen.

Als wir abends bei Chez Camille in Ramatuelle dinierten und wir nicht nur die einmalige Lage direkt am Strand, die frischen Fische und den unvergesslichen Sonnenuntergang genossen, bestellte sie zur Flasche Minuty Rosé M auch einen zusätzlichen Eiskübel – nicht etwa, um den Wein darin zu kühlen (dafür war der Kübel auch zu klein), nein, sondern um daraus immer wieder ein oder zwei Eisstücke zu nehmen und sie ins Weinglas zu geben. «So bleibt der Wein frisch», erklärte sie. Schnell fiel mir auf, dass dies praktisch an jedem Tisch die Praxis war, und so genoss auch ich meinen Rosé mit Eiswürfeln gekühlt. Er schmeckte prima und ich musste daran denken, wie oft wir unseren Weingenuss gewissen Vorurteilen anpassen.

Ich kann mich auch gut erinnern, dass lange behauptet wurde, dass Rosé kein ernstzunehmender Wein sei – mit einer Ausnahme: Domaines Ott. Ihr Rosé Château de Selle genoss die letzten 30 Jahre die Pole-Position in Sachen Prestige-Rosé. Wenn ein Rosé – dann nur dieser. 1896 gründete der Elsässer Agronom Marcel Ott die gleichnamigen Domaines Ott mit dem Ziel, die besten Weine der Provence zu kreieren. Heute umfassen die Domaines Ott drei einzigartige Weingüter in zwei unterschiedlichen Appellationen (Bandol und Côtes de Provence): Château de Selle, Clos Mireille und Château Romassan. «Um diesen eleganten und frischen Weinen mit einer unverwechselbaren Flaschenform gerecht zu werden, entwickelte René Ott um 1930 die von den Zypressen der Provence und griechischen Amphoren inspirierte Flaschenform. Es ist die weltweit erste urheberrechtlich geschützte Wein-Flaschenform», erklärte uns Jean-François Ott, als wir Château de Selle besuchten.

Ein Nachmittag an der Côte d'Azur. Entspannung ist in zahlreichen Details zu spüren. Und natürlich auch der kulinarische Genuss des Meeres.

2019
ROSE et OR
Château Minuty

Der Rosé d'Or von Minuty schmeckte uns auch nach dem Nachtessen gut. Er besteht aus 90 % Grenache und 10 % Tibouren. Er wird im Stahltank ausgebaut und offenbart eine angenehme Frische.

Links: Die meisten Weine auf Château Minuty reifen in grossen Edelstahltanks. Um einen hochwertigen Rosé zu vinifizieren, bedarf es hochwertiger Trauben, zumal Fehltöne aromatisch sofort wahrgenommen werden.

Jean-François Ott ist die vierte Generation der Domaines, die er zusammen mit seinem Cousin Christian betreut. Seit 2004 gehört der Familienbetrieb dem Champagnerhaus Louis Roederer.

Jean-François ist ein Liebhaber der Grenache-Traube. Sie bringt eine schöne Frucht und Komplexität in den Wein und eignet sich trotz globaler Erwärmung sehr gut für das Terroir der Region. «Als ich ein Kind war und nach den Sommerferien in die Schule ging, dauerte es noch 15 Tage, bis die Ernte begann. Jetzt sind wir mit der Ernte fertig, wenn meine Kinder nach den Ferien wieder in die Schule gehen. Natürlich haben wir die ganze Produktion dieser klimatischen Evolution angepasst», betont Ott weiter.

Angepasst wurde auch die Weinpalette, die seit kurzem von einem Icon-Rosé gekürt wird, dem Etoile, der auch in die typische Ott-Flasche gefüllt wird.

Angepasst wurde auch die Weinpalette, die seit kurzem von einem Icon-Rosé gekürt wird, dem Etoile, der auch in die typische Ott-Flasche gefüllt wird. Es handelt sich um einen hochpreisigen, limitierten Spitzenwein, der im Betonei reifte. Es ist eine Cuvée mit den besten Trauben der drei Domaines. So freut sich Jean-François: «Dieser Wein ist nicht die Essenz unseres Stils, sondern lediglich eine seiner Facetten. Ein luftiger, erlesener Wein voller Spannung, der unsere eigenen Präferenzen widerspiegelt, ohne an Struktur oder Tiefe zu verlieren.»

Auch Vranken-Pommery-Besitzer Paul-François Vranken glaubt an die Zukunft des pinken Weins. In der Provence vinifiziert er auf Château La Gordonne Spitzenrosés, die er teilweise in der Amphore ausbaut. Und in der Camargue besitzt er zudem die Domaine Royal de Jarras und die Marke Rosé Pink Flamingo, deren Reben auf Sandböden gedeihen. Persönlich schätze ich die Weine von Château La Gordonne sehr, und als wir das Gut besuchten, unterstrich der Zauber des Ortes, was man bei jedem Schluck im Glas spürt. Die Harmonie der Natur, das milde Klima und die Ruhe lassen die Reben perfekt reifen.

95

Auf dem Anwesen Château La Gordonne befindet sich auch eine der 174 Glocken des Departements Var, die auf die Zeit vor der französischen Revolution zurückgehen.

Auf dem Anwesen Château La Gordonne befindet sich auch eine der 174 Glocken des Departements Var, die auf die Zeit vor der französischen Revolution zurückgehen. Die Glocke wurde 1654 gegossen und stammt aus einer ehemaligen Kapelle auf dem Gelände von La Gordonne. Sie ist mit einem geschmückten Kreuz verziert, auf dem die Inschrift «JESUS MARIA JOSEPH» steht. Diese Bronzeglocke wurde 1982 unter Denkmalschutz gestellt und ziert inzwischen auch die Weinflaschen.

Die Weinberge umkreisen das Château wie ein Amphitheater und der Schieferboden sowie das spezielle Mikroklima sind einmalig. Dank dem Mistral sind die Reben zudem vor Krankheiten geschützt. Kultiviert werden primär Grenache, Cinsault, Cabernet Sauvignon, Mourvèdre, Rolle, Tibouren, Sémillon und Syrah. Begleitet wurden wir auch vom Winzer Bruno Mailliard, der mir erklärte, dass es gar nicht so einfach ist, einen Spitzenrosé zu vinifizieren. Es ist sogar schwieriger als die Produktion zahlreicher anderer Weine, die mit ihren üppigen Aromen und komplexen Strukturen vieles überdecken können. «Ein Top-Rosé ist trocken, aber auch charmant, ohne dass es Restsüsse im Wein hat. Die Säure muss delikat sein und die Frucht zart und frisch. Einen Rosé muss man alleine genauso geniessen können wie zusammen mit einem Gericht.»

Essenziell ist die Qualität der Trauben. Ist sie nicht absolut hochwertig, spürt man das spätestens im Gaumen. Wichtig bei der Produktion ist unter anderem eine schnelle Ernte vor Tagesanbruch, wenn es in der Provence etwas kühler ist, damit die Trauben nicht zu heiss bekommen. Im Gegensatz zu anderen Weinen straft der Rosé mindere Qualität im Nu. Wir lernen ja in der japanischen Sushi-Küche, dass manchmal die Zubereitung

Romain Escher, der Besitzer von Favre-Tempia, war mit uns auf der Reise.

Château La Gordonne liegt unweit von Saint-Tropez und verarbeitet die Reben von rund 350 Hektaren.

Der passionierte Kellermeister von Château La Gordonne, Bruno Mailliard, erklärte uns, dass die Ernte der Trauben generell in der Nacht stattfindet, wenn es kühler ist.

Persönlich habe ich jetzt immer ein paar Rosés im Kühlschrank. Auch werde ich mir die eine oder andere Top-Cuvée auf die Seite legen, um zu sehen, was mit der Reife in ihrem Aromaspektrum passiert.

einer puren, klaren Aromatik um Welten schwieriger ist und viel mehr Fachwissen abverlangt als ein Eintopf, der Stunden vor sich hinkocht und aus zahlreichen Komponenten besteht. Ich will damit nicht sagen, dass eines der Gerichte besser ist, sondern nur, dass die Vinifikation eines hochwertigen Rosés viel Wissen, Zielstrebigkeit und Talent voraussetzt. Der Le Cirque des Grives, Tête de Cuvée ist der absolute Spitzen-Rosé von Château La Gordonne. Von diesem Rosé werden gerade einmal ein paar tausend Flaschen produziert.

Interessant ist, dass der Wein in Amphoren reifte. Das verleiht ihm nicht nur eine spezielle Struktur, sondern auch eine herrliche Frische und eine Präzision der delikaten Aromen, die man sonst bei Rosés kaum findet. Schon sein Duft ist bezaubernd und lässt an Walderdbeeren, junge Rosen, etwas Jasmin und Schiefergestein denken. Er ist frisch, präzise und hat einen schönen Druck. Man erkennt auch weissen Pfirsich und etwas Quitte. Hat auch eine mittelschwere Struktur und eine kühle Eleganz, die ihm sehr gut steht und ihn zu einem Begleiter delikater Gerichte macht. Le Cirque des Grives ist neben Garrus von Château d'Esclans eine neue Generation von Prestige-Rosés, die auch preislich in höhere Sphären reisen, und angesichts der Investitionen und dem globalen Interesse an diesen Weinen werden wir mit jeder Ernte Neuentdeckungen machen können.

Persönlich habe ich jetzt immer ein paar Rosés im Kühlschrank. Auch werde ich mir die eine oder andere Top-Cuvée auf die Seite legen, um zu sehen, was mit der Reife in ihrem Aromaspektrum passiert. Kurz: Es ist eine höchst spannende Zeit für den Rosé, der gerade eben am Beginn seiner grössten Evolution steht. Die Zeit könnte auch nicht besser sein, denn wie der Slogan «Think Pink» Zweifel und Sorgen aus unseren Gedanken verbannt, liegt man mit «Drink Pink» wohl kaum falsch. Und da die Farbe Pink auch die Fantasie anregt, kommt man nach dem zweiten Glas auch Brad Pitt etwas näher.

Fotos Jacopo Salvi

DANK

Ein Buch zu schreiben ist immer eine lange Reise, die in diesem Fall mit der Kreation des «Weinseller Journal» Magazins 2015 begann. Das Magazin ist eine Idee, die Weinwelt ganz zugänglich zu zeigen, wie auch die kulturelle Vielfalt, die Landschaft, die Menschen und die Geschichten, die sich hinter jeder Flasche Wein verbergen.
Dieses Buch wäre nicht möglich gewesen ohne die Unterstützung meiner Familie und der zahlreichen Personen, die mich begleitet haben und deren Rat, Inspiration, Feedback und Unterstützung das Fundament von «Reisen mit Wein» sind. Einen speziellen Dank auch an die talentierten Fotografen, die mit ihrer Arbeit eine der schönsten Kulturen festgehalten haben und deren Bilder uns bereits in Gedanken reisen lassen.
Dieses Buch wäre auch nicht möglich gewesen, ohne dass uns zahlreiche Freunde der Weinwelt ihre Keller geöffnet haben und wir zusammen grossartige Weine teilten. So konnte ich jedes Mal von neuem erleben, dass eine geteilte Flasche Wein zu einem zusammen erlebten Moment führt, den man nicht mehr vergessen wird.

Chin-chin, Santé und zum Wohl.

KONTAKTE

— 8

TOSKANA
BRANCAIA
Località Poppi, 42/B
53017 Radda in Chianti (SI), Italien
T. +39 0577741263
www.brancaia.com

— 24

PORTO
NIEPOORT
Rua Cândido dos Reis, 670
4400-071 Vila Nova de Gaia, Portugal
T. +351 223777770
www.niepoort-vinhos.com

— 42

WACHAU
DOMÄNE WACHAU
Dürnstein, 107
3601 Dürnstein, Österreich
T. +43 2711371
www.domaene-wachau.at

— 62

RIOJA
MARQUÉS DE RISCAL
Calle Torrea, 1
01340 Elciego, Álava, Spanien
T. +34 945606000
www.marquesderiscal.com

— 80

WALLIS
JEAN-RENÉ GERMANIER
Route Cantonale 291 Balavaud
1963 Vétroz, Schweiz
T. +41 273461216
www.jrgermanier.ch

— 96

VENETO
SANDRO BOTTEGA
Villa Rosina, Vicolo Aldo Bottega, 2
31010 Bibano di Godega di Sant'Urbano (TV), Italien
T. +39 04384067
www.bottegaspa.com

— 110

CHAMPAGNE
POMMERY
5 Place du Général Gouraud
51100 Reims, Frankreich
T. +33 326616263
www.vrankenpommery.com

— 128

VENETO
MASI
Via Monteleone, 26
37015 Sant'Ambrogio di Valpolicella (VR), Italien
T. +39 0456832511
www.masi.it

— 148

BORDEAUX
SILVIO DENZ
Château Faugères, Saint-Etienne de Lisse
33330 Saint-Emilion, Frankreich
T. +33 557403499
www.vignobles-silvio-denz.com

— 162

TOSKANA
CASTELLO COLLEMASSARI
Località Poggi del Sasso
58044 Cinigiano (GR), Italien
T. +39 0564990496
www.collemassariwines.it

— 184

BERGERAC
CHÂTEAU MONESTIER LA TOUR
La Tour
24240 Monestier, Frankreich
T. +33 553241843
www.chateaumonestierlatour.com

— 208

SALTA
BODEGA COLOMÉ
Ruta Provincial 53 Km 20
4419, Molinos, Salta, Argentinien
T. +54 3868494200
www.bodegacolome.com

— 232

KATALONIEN
FAMILIA TORRES
Carrer de Miguel Torres i Carbó, 6
08720 Vilafranca del Penedès, Barcelona, Spanien
T. +34 938177400
www.torres.es

— 252

WAADTLAND
CHÂTEAU CHÂTAGNERÉAZ
Chemin de Châtagneréaz 4
1180 Rolle
T. +41 21 822 02 02
www.chatagnereaz.ch

DOMAINE LOUIS BOVARD
Place d'Armes 2
1096 Cully
T. +41 21 799 21 25
www.domainebovard.com

CLOS DU BOUX LUC MASSY VINS
Route de la Corniche 11
1098 Epesses
T. +41 21 799 21 47
www.massy-vins.ch

— 276

PIEMONT
GAJA
Via Torino, 5
12050 Barbaresco (CN), Italien
T. +39 0173635158
www.gaja.com

— 292

BEAUNE
JOSEPH DROUHIN
7 Rue d'Enfer
21200 Beaune, Frankreich
T. +33 380246888
www.drouhin.com

— 312

SIZILIEN
DONNAFUGATA
Cantine Storiche Donnafugata
Via Sebastiano Lipari, 18
91025 Marsala (TP), Sicilia, Italien
T. +39 0923724200
www.donnafugata.it

— 328

PASO ROBLES
HALTER RANCH
8910 Adelaida Road
Paso Robles, CA 93446, USA
T. +1 8052269455
www.halterranch.com

— 350

WALLIS
ALPENWEINE
St. Jodern Kellerei
Unterstalden 2
3932 Visperterminen, Schweiz
T. +41 27 948 43 48
www.jodernkellerei.ch

— 368

NUITS-SAINT-GEORGES
JC BOISSET
Les Ursulines
5 Chemin des Plateaux
21700 Nuits-Saint-Georges, Frankreich
T. +33 380626161
www.jeanclaudeboisset.com

— 386

PROVENCE
CHÂTEAU MINUTY
2491 Route de la Berle
83580 Gassin, Frankreich
T. +33 494561209
www.minuty.com

DOMAINES OTT
(CHÂTEAU DE SELLE)
5093 Route de Flayosc
83460 Taradeau, Frankreich
T. +33 494475757
www.domaines-ott.com

CHÂTEAU LA GORDONNE
Route de Cuers
83390 Pierrefeu-du-Var, Frankreich
T. +33 494282035
www.lagordonne.com

DIE FOTOGRAFEN

Philipp Rohner

Der in Zürich lebende Fotograf zählt zu den bekanntesten Schweizer Fotografen. Seine Passion für Fotografie entdeckte er bereits in jungen Jahren. Er bereist die Welt bis in die entlegensten Winkel und seine Reisereportagen und Porträts erscheinen in den wichtigsten Schweizer Medien.

www.philipprohner.ch

Er hat die folgenden Reisen fotografiert:

Jacopo Salvi

Der italienische Fotograf Jacopo Salvi begann seine Karriere für regionale und internationale Zeitungen und widmete sich der Reportage über Architektur und Kunst. Er ist einer der offiziellen Fotografen der Biennale von Venedig. Seine Fotos wurden in Publikationen wie Il Giornale dell'Arte, The Art Newspaper, Vanity Fair und anderen vorgestellt.

www.fotoshopprofessional.com

Er hat die folgenden Reisen fotografiert:

Christoph Kern

In Zürich geboren (1955), absolvierte er die Grundschulen in den USA und Frankreich. Studium an der Universität Basel, dann Studium der Fotografie an der Schule für Fotografie in Vevey. Seit 1985 selbstständiger Fotograf mit eigenem Studio in Basel, mit Schwerpunkten Still-Life, Architektur, Kunst und Reisereportagen. 2007 bis 2009 Postgraduate Master Studium in Curating an der Zürcher Hochschule der Künste. 2011 Gründung von oslo8, Gallery for Contemporary Photography in Basel. Christoph Kern lebt in Basel, Schweiz, und Paris, Frankreich.

www.christophkern.ch

Er hat die folgende Reise fotografiert:

252 SCHWEIZ
WAADTLAND

Michael Stahl

Michael Stahl (*1965), geboren und aufgewachsen in Bern, arbeitet seit 1988 als freischaffender Fotograf und ist für seine Kunden im In- und Ausland unterwegs. Zusätzlich ist er seit 1987 Bundeshausfotograf.
Kunstfotografie ist seine Passion.
So meint er: «Fotografie ist wie eine zweite Sprache und ist die Möglichkeit, einem Moment Dauer zu geben.»

www.stahlphoto.ch

Er hat die folgenden Reisen fotografiert:

208 SALTA
BODEGA COLOMÉ

312 SIZILIEN
DONNAFUGATA

Bryce R. Mullins

Bryce R. Mullins ist Vice President und General Manager des Halter Ranch Vineyard in Paso Robles, Kalifornien. Als General Manager hilft er bei der Festlegung und Umsetzung der Gesamtstrategie und des Wachstumsplans für das Unternehmen, während er wichtige Operationen in allen Einheiten verwaltet. Bevor er zu Halter Ranch kam, arbeitete er als Investmentanalyst bei Hansjörg Wyss. Er hat einen Bachelor-Abschluss der Harvard University.

Er hat die folgende Reise fotografiert:

328 PASO ROBLES
HALTER RANCH